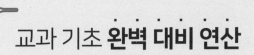

교과 기초 **완벽 대비 연산**

6·2

초등

● **6학년 2학기** ●

Part 1 분수의 나눗셈   9

Part 2 소수의 나눗셈   43

Part 3 비례식과 비례배분   77

Part 4 원주와 원의 넓이   115

책을 내면서

연산은 교과 학습의 시작

효율적인 교과 학습을 위해서 반복 연습이 필요한 연산은 미리 연습되는 것이 좋습니다. 교과 수학을 공부할 때 새로운 개념과 생각하는 방법에 집중해야 높은 성취도를 얻을 수 있습니다. 새로운 내용을 배우면서 반복 연습이 필요한 내용은 학생들의 생각을 방해하거나 학습 속도를 늦추게 되어 집중해야 할 순간에 집중할 수 없는 상황이 되어 버립니다. 이 책은 교과 수학 공부를 대비하여 공부할 때 최고의 도움이 되도록 했습니다.

원리와 개념을 익히고 반복 연습

원리와 개념을 익히면서 연습을 하면 계산력뿐만 아니라 상황에 맞는 연산 방법을 선택할 수 있는 힘을 키울 수 있고, 교과 학습에서 연산과 관련된 원리 학습을 쉽게 이해할 수 있습니다. 숫자와 기호만 반복하는 경우에 수 연산 관련 문제가 요구하는 내용을 파악하지 못하여 계산은 할 줄 알지만 식을 세울 수 없는 경우들이 있습니다. 수학은 결과뿐 아니라 과정도 중요한 학문입니다.

사칙 연산을 넘어 반복이 필요한 전 영역 학습

사칙 연산이 연습이 제일 많이 필요하긴 하지만 도형의 공식도 연산이 필요하고, 대각선의 개수를 구할 때나 시간을 계산할 때도 연산이 필요합니다. 전통적인 연산은 아니지만 계산력을 키우기 위한 반복 연습이 필요합니다. 이 책은 학기별로 반복 연습이 필요한 전 영역을 공부하도록 하고, 어떤 식을 세워서 해결해야 하는지 이해하고 연습하도록 원리를 이해하는 과정을 다루고 있습니다.

다양한 접근 방법

수학의 풀이 방법이 한 가지가 아니듯 연산도 상황에 따라 더 합리적인 방법이 있습니다. 한 가지 방법만 반복하는 것은 수 감각을 키우는데 한계를 정해 놓고 공부하는 것과 같습니다. 반복 연습이 필요한 내용은 정확하고, 빠르게 해결하기 위한 감각을 키우는 학습입니다. 그럴수록 다양한 방법을 익히면서 공부해야 간결하고, 합리적인 방법으로 답을 찾아낼 수 있습니다.

올바른 연산 학습의 시작은 교과 학습의 완성도를 높여 줍니다. 교과셈을 통해서 효율적인 수학 공부를 할 수 있도록 하세요.

지은이 천종현

1. 교과셈 한 권으로 교과 전 영역 기초 완벽 준비!

사칙 연산을 포함하여 반복 연습이 필요한 교과 전 영역을 다룹니다.

2. 원리의 이해부터 실전 연습까지!

원리의 이해부터 실전 문제 풀이까지 쉽고 확실하게 학습할 수 있습니다.

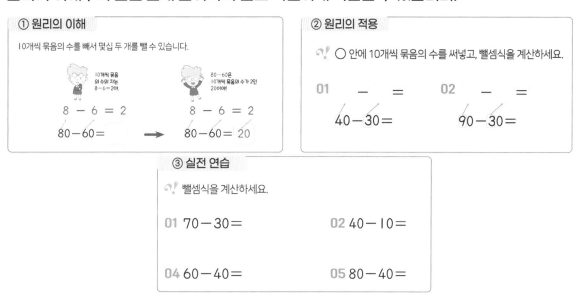

3. 다양한 연산 방법 연습!

다양한 연산 방법을 연습하면서 수를 다루는 감각도 키우고, 상황에 맞춘 더 정확하고 빠른 계산을 할 수 있도록 하였습니다.

뺄셈을 하더라도 두 가지 방법 모두 배우면 더 빠르고 정확하게 계산할 수 있어요!

앞의 수를 10과 몇으로 가르고, □ 안에 알맞은 수를 써넣어 뺄셈식을 계산하세요.

01   11−8
　　10−8+　＝

02   17−9
　　10−9+　＝

뒤의 수를 갈라서 차가 10인 두 수를 만들고, □ 안에 알맞은 수를 써넣어 뺄셈식을 계산하세요.

01   16−8
　　16−6−　＝

02   15−8
　　15−5−　＝

교과셈이 추천하는
학습 계획

한 권의 교재는 32개 강의로 구성

한 개의 강의는 두 개 주제로 구성

매일 한 강의씩, 또는 한 개 주제씩 공부해 주세요.

☑ **매일 한 개 강의씩 공부한다면 32일 완성 과정**
복습을 하거나, 빠르게 책을 끝내고 싶은 아이들에게 추천합니다.

☑ **매일 한 개 주제씩 공부한다면 64일 완성 과정**
하루 한 장 꾸준히 하고 싶은 아이들에게 추천합니다.

성취도 확인표, 이렇게 확인하세요!

속도보다는 정확도가 중요하고, 정확도보다는 꾸준한 학습이 중요합니다! 꾸준히 할 수 있도록 하루 학습량을 적절하게 설정하여 꾸준히, 그리고 더 정확하게 풀면서 마지막으로 학습 속도도 높여 주세요!

채점하고 정답률을 계산해 성취도 확인표에 표시해 주세요. 복습할 때 정답률이 낮은 부분 위주로 하시면 됩니다. 한 장에 4분을 목표로 진행합니다. 단, 풀이 속도보다는 정답률을 높이는 것을 목표로 하여 학습을 지도해 주세요!

연계 교과

단원	연계 교과 단원	학습 내용
Part 1 분수의 나눗셈	6학년 2학기 · 1단원 분수의 나눗셈	· 분자와 분자의 나눗셈으로 생각해 풀기 · (진분수)÷(진분수)를 곱셈으로 고쳐 풀기 · 여러 가지 분수의 나눗셈 POINT 나누는 수의 분자와 분모를 바꾼 다음 곱하는 것을 공식처럼 적용하기 전에 분자와 분자의 나눗셈으로 생각하여 풀 수 있는지 확인하면 더 편리하게 계산할 수 있습니다.
Part 2 소수의 나눗셈	6학년 2학기 · 2단원 소수의 나눗셈	· 자릿수가 같은 소수의 나눗셈 · 자릿수가 다른 소수의 나눗셈 · 반올림하여 구하기 · 자연수 몫과 나머지 구하기 POINT 두 소수에 소수점을 똑같이 움직인다면 6학년 1학기의 자연수로 나누는 나눗셈으로 고쳐 풀 수 있습니다. 나누어떨어지지 않을 때 반올림하여 몫을 어림할 수도 있지만 자연수 몫과 나머지를 구할 수도 있습니다.
Part 3 비례식과 비례배분	6학년 2학기 · 4단원 비례식과 비례배분	· 간단한 자연수의 비로 나타내기 · 비의 성질로 비례식 완성하기 · 비례식의 성질로 비례식 완성하기 · 비례배분 POINT 비례식을 완성하는 여러 가지 방법을 배웁니다. 이를 이용해 상황에 따라 가장 간단한 방법으로 비례식을 완성할 수 있습니다.
Part 4 원주와 원의 넓이	6학년 2학기 · 5단원 원의 넓이	· 지름, 반지름과 원주의 관계 · 지름, 반지름과 원의 넓이의 관계 · 원을 변형한 도형의 둘레와 넓이 POINT 원주율이 지름과 원주의 비율이라는 개념을 확실하게 익혀 원주와 원의 넓이를 구할 수 있습니다.

교과셈

자세히 보기

✿ 원리의 이해

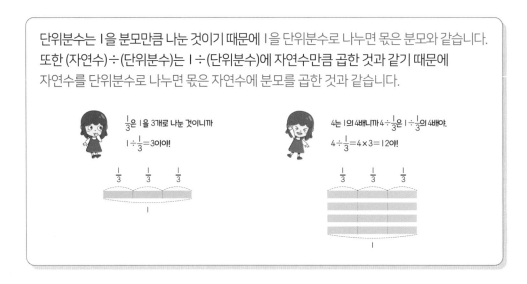

단위분수는 I을 분모만큼 나눈 것이기 때문에 I을 단위분수로 나누면 몫은 분모와 같습니다.
또한 (자연수)÷(단위분수)는 I÷(단위분수)에 자연수만큼 곱한 것과 같기 때문에
자연수를 단위분수로 나누면 몫은 자연수에 분모를 곱한 것과 같습니다.

식뿐만 아니라 그림도 최대한 활용하여 개념과 원리를 쉽게 이해할 수 있도록 하였습니다. 또한
캐릭터의 설명으로 원리에서 핵심만 요약했습니다.

✿ 단계화된 연습

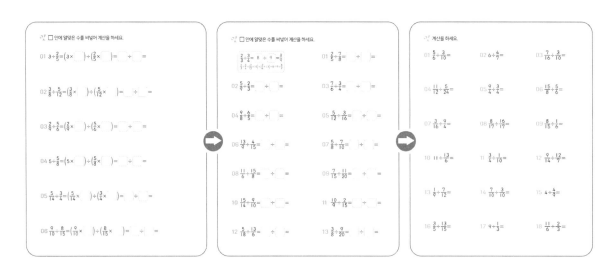

처음에는 원리에 따른 연산 방법을 따라서 연습하지만, 풀이 과정을 단계별로 단순화하고, 실전
연습까지 이어집니다.

✿ 다양한 연습

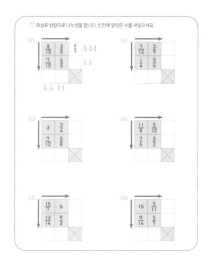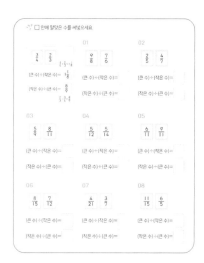

전형적인 형태의 연습 문제 위주로 집중 연습을 하지만 여러 형태의 문제도 다루면서 지루함을
최소화하도록 구성했습니다.

✿ 교과 확인

교과 유사 문제를 통해 성취도도 확인하고
교과 내용의 흐름도 파악합니다.

✿ 재미있는 퀴즈

학년별 수준에 맞춘 알쏭달쏭 퀴즈를
풀면서 주위를 환기하고 다음 단원,
다음 권을 준비합니다.

교과셈
전체 단계

1-1		
Part 1	9까지의 수
Part 2	모으기, 가르기
Part 3	덧셈과 뺄셈
Part 4	받아올림과 받아내림의 기초

1-2		
Part 1	100까지의 수
Part 2	두 자리 수 덧셈, 뺄셈의 기초
Part 3	(몇)＋(몇)＝(십몇)
Part 4	(십몇)－(몇)＝(몇)

2-1		
Part 1	두 자리 수의 덧셈
Part 2	두 자리 수의 뺄셈
Part 3	덧셈과 뺄셈의 관계
Part 4	곱셈

2-2		
Part 1	곱셈구구
Part 2	곱셈식의 □ 구하기
Part 3	길이의 계산
Part 4	시각과 시간의 계산

3-1		
Part 1	덧셈과 뺄셈
Part 2	나눗셈
Part 3	곱셈
Part 4	길이와 시간의 계산

3-2		
Part 1	곱셈
Part 2	나눗셈
Part 3	분수
Part 4	들이와 무게

4-1		
Part 1	각도
Part 2	곱셈
Part 3	나눗셈
Part 4	규칙이 있는 계산

4-2		
Part 1	분수의 덧셈과 뺄셈
Part 2	소수의 덧셈과 뺄셈
Part 3	다각형의 변과 각
Part 4	가짓수 구하기와 다각형의 각

5-1		
Part 1	자연수의 혼합 계산
Part 2	약수와 배수
Part 3	약분과 통분, 분수의 덧셈과 뺄셈
Part 4	다각형의 둘레와 넓이

5-2		
Part 1	수의 범위와 어림하기
Part 2	분수의 곱셈
Part 3	소수의 곱셈
Part 4	평균 구하기

6-1		
Part 1	분수의 나눗셈
Part 2	소수의 나눗셈
Part 3	비와 비율
Part 4	직육면체의 부피와 겉넓이

6-2		
Part 1	분수의 나눗셈
Part 2	소수의 나눗셈
Part 3	비례식과 비례배분
Part 4	원주와 원의 넓이

분수의 나눗셈

① 차시별로 정답률을 확인하고, 성취도에 ○표 하세요.

😊 80% 이상 맞혔어요.   😐 60% ~ 80% 맞혔어요.   😟 60% 이하 맞혔어요.

차시	단원	성취도		
1	(자연수)÷(단위분수), 분모가 같은 분수의 나눗셈	😊	😐	😟
2	분모가 다른 분수의 나눗셈	😊	😐	😟
3	(진분수)÷(진분수)를 곱셈으로 고쳐 풀기	😊	😐	😟
4	분수의 나눗셈 연습 1	😊	😐	😟
5	대분수가 있는 나눗셈을 곱셈으로 고쳐 풀기	😊	😐	😟
6	세 분수의 나눗셈	😊	😐	😟
7	분수의 나눗셈 연습 2	😊	😐	😟
8	분수의 나눗셈 종합 연습	😊	😐	😟

분수의 나눗셈은 나누는 수의 분자와 분모를 바꾼 다음 곱해서 계산합니다.
원리를 이해하면 상황에 따라 더 단순한 방법으로 계산할 수 있습니다.

단위분수는 l을 분모만큼 나눈 것이기 때문에 l을 단위분수로 나누면 몫은 분모와 같습니다.
또한 (자연수)÷(단위분수)는 l÷(단위분수)에 자연수만큼 곱한 것과 같기 때문에
자연수를 단위분수로 나누면 몫은 자연수에 분모를 곱한 것과 같습니다.

$\frac{1}{3}$은 l을 3개로 나눈 것이니까

$1 \div \frac{1}{3} = 3$이야!

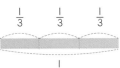

4는 l의 4배니까 $4 \div \frac{1}{3}$은 $1 \div \frac{1}{3}$의 4배야.

$4 \div \frac{1}{3} = 4 \times 3 = 12$야!

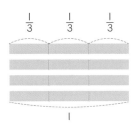

계산하세요.

01 $1 \div \frac{1}{2} =$

02 $1 \div \frac{1}{9} =$

03 $1 \div \frac{1}{7} =$

04 $1 \div \frac{1}{8} =$

05 $1 \div \frac{1}{4} =$

06 $1 \div \frac{1}{11} =$

07 $1 \div \frac{1}{13} =$

08 $1 \div \frac{1}{20} =$

09 $1 \div \frac{1}{16} =$

10 $1 \div \frac{1}{18} =$

11 $1 \div \frac{1}{15} =$

12 $1 \div \frac{1}{24} =$

13 $1 \div \frac{1}{19} =$

14 $1 \div \frac{1}{25} =$

15 $1 \div \frac{1}{14} =$

🐰 계산하세요.

(자연수)×(분모)!

01 $3 \div \frac{1}{2} =$

02 $6 \div \frac{1}{4} =$

03 $5 \div \frac{1}{2} =$

04 $9 \div \frac{1}{6} =$

05 $7 \div \frac{1}{3} =$

06 $6 \div \frac{1}{7} =$

07 $8 \div \frac{1}{5} =$

08 $10 \div \frac{1}{3} =$

09 $9 \div \frac{1}{4} =$

10 $6 \div \frac{1}{9} =$

11 $5 \div \frac{1}{9} =$

12 $4 \div \frac{1}{11} =$

13 $17 \div \frac{1}{2} =$

14 $3 \div \frac{1}{13} =$

15 $7 \div \frac{1}{8} =$

16 $4 \div \frac{1}{9} =$

17 $7 \div \frac{1}{5} =$

18 $14 \div \frac{1}{4} =$

19 $8 \div \frac{1}{10} =$

20 $9 \div \frac{1}{3} =$

21 $5 \div \frac{1}{7} =$

22 $4 \div \frac{1}{5} =$

23 $12 \div \frac{1}{4} =$

24 $8 \div \frac{1}{2} =$

(자연수)÷(단위분수), 분모가 같은 분수의 나눗셈
B 분모가 같으면 분자의 나눗셈으로 계산해요

분수 $\frac{\triangle}{\blacksquare}$는 $\frac{1}{\blacksquare}$이 △개입니다. 따라서 $\frac{\triangle}{\blacksquare}÷\frac{\bigcirc}{\blacksquare}$는 △개를 ○개로 나눈 것과 같고,

$\frac{\triangle}{\blacksquare}÷\frac{\bigcirc}{\blacksquare}=\triangle÷\bigcirc=\frac{\triangle}{\bigcirc}$입니다. 이때 $\frac{\triangle}{\bigcirc}$가 자연수가 아닌 가분수라면 대분수로 고쳐 나타내고,

△÷○가 나누어떨어지는 나눗셈이면 그 몫을 바로 씁니다.

$\frac{7}{8}, \frac{3}{8}$은 $\frac{1}{8}$이 각각 7개, 3개니까 7÷3으로 계산하면 돼!

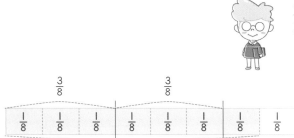

$$\frac{7}{8}÷\frac{3}{8}=7÷3=\frac{7}{3}=2\frac{1}{3}$$

□ 안에 알맞은 수를 써넣어 계산하세요.

01 $\frac{8}{9}÷\frac{2}{9}=\boxed{}÷\boxed{}=$

02 $\frac{6}{7}÷\frac{3}{7}=\boxed{}÷\boxed{}=$

03 $\frac{10}{11}÷\frac{2}{11}=\boxed{}÷\boxed{}=$

04 $\frac{9}{13}÷\frac{3}{13}=\boxed{}÷\boxed{}=$

05 $\frac{15}{16}÷\frac{5}{16}=\boxed{}÷\boxed{}=$

06 $\frac{16}{17}÷\frac{4}{17}=\boxed{}÷\boxed{}=$

07 $\frac{18}{19}÷\frac{3}{19}=\boxed{}÷\boxed{}=$

08 $\frac{21}{25}÷\frac{7}{25}=\boxed{}÷\boxed{}=$

단위분수가
몇 개씩 있을까?

🐌 계산하세요.

01 $\dfrac{8}{15} \div \dfrac{4}{15} =$

02 $\dfrac{18}{7} \div \dfrac{6}{7} =$

03 $\dfrac{20}{17} \div \dfrac{5}{17} =$

04 $\dfrac{15}{16} \div \dfrac{3}{16} =$

05 $\dfrac{9}{10} \div \dfrac{3}{10} =$

06 $\dfrac{4}{5} \div \dfrac{2}{5} =$

07 $\dfrac{8}{11} \div \dfrac{2}{11} =$

08 $\dfrac{28}{11} \div \dfrac{4}{11} =$

09 $\dfrac{18}{23} \div \dfrac{3}{23} =$

10 $\dfrac{13}{8} \div \dfrac{5}{8} =$

11 $\dfrac{5}{7} \div \dfrac{3}{7} =$

12 $\dfrac{12}{19} \div \dfrac{16}{19} =$

13 $\dfrac{5}{8} \div \dfrac{7}{8} =$

14 $\dfrac{11}{10} \div \dfrac{17}{10} =$

15 $\dfrac{5}{9} \div \dfrac{2}{9} =$

16 $\dfrac{19}{22} \div \dfrac{7}{22} =$

17 $\dfrac{7}{6} \div \dfrac{11}{6} =$

18 $\dfrac{11}{17} \div \dfrac{2}{17} =$

19 $\dfrac{22}{9} \div \dfrac{5}{9} =$

20 $\dfrac{25}{14} \div \dfrac{15}{14} =$

21 $\dfrac{16}{27} \div \dfrac{5}{27} =$

나눗셈의 두 분수를 통분하면 분모가 같은 분수의 나눗셈과 똑같이 풀 수 있습니다.

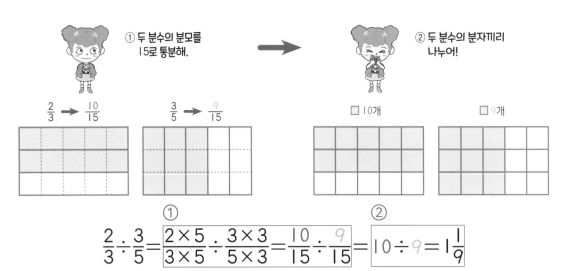

① 두 분수의 분모를 15로 통분해.

② 두 분수의 분자끼리 나누어!

$\frac{2}{3} \rightarrow \frac{10}{15}$　　$\frac{3}{5} \rightarrow \frac{9}{15}$　　□10개　　□9개

① 　　②

$$\frac{2}{3} \div \frac{3}{5} = \frac{2 \times 5}{3 \times 5} \div \frac{3 \times 3}{5 \times 3} = \frac{10}{15} \div \frac{9}{15} = 10 \div 9 = 1\frac{1}{9}$$

□ 안에 알맞은 수를 써넣어 계산하세요.

01

$$7 \div \frac{5}{6} = \frac{\boxed{}}{6} \div \frac{\boxed{}}{\boxed{}} = \boxed{} \div \boxed{} =$$

나누어지는 수가 자연수여도 통분해서 풀면 돼!

02

$$\frac{2}{7} \div \frac{3}{8} = \frac{\boxed{}}{56} \div \frac{\boxed{}}{\boxed{}} = \boxed{} \div \boxed{} =$$

03

$$\frac{5}{9} \div \frac{3}{4} = \frac{\boxed{}}{36} \div \frac{\boxed{}}{\boxed{}} = \boxed{} \div \boxed{} =$$

04

$$\frac{3}{10} \div \frac{5}{8} = \frac{\boxed{}}{40} \div \frac{\boxed{}}{\boxed{}} = \boxed{} \div \boxed{} =$$

05

$$\frac{5}{16} \div \frac{7}{12} = \frac{\boxed{}}{48} \div \frac{\boxed{}}{\boxed{}} = \boxed{} \div \boxed{} =$$

06

$$5 \div \frac{10}{11} = \frac{\boxed{}}{11} \div \frac{\boxed{}}{\boxed{}} = \boxed{} \div \boxed{} =$$

분모가 다르면 통분 먼저!
통분할 땐 최소공배수로
통분해야 계산이 간단해!

□ 안에 알맞은 수를 써넣어 계산하세요.

$$\dfrac{4}{5} \div \dfrac{2}{3} = \boxed{12} \div \boxed{10} = 1\dfrac{1}{5}$$

$$\dfrac{4}{5} \div \dfrac{2}{3} = \dfrac{4 \times 3}{5 \times 3} \div \dfrac{2 \times 5}{3 \times 5} = \dfrac{12}{15} \div \dfrac{10}{15} = 12 \div 10 = 1\dfrac{1}{5}$$

01 $\dfrac{8}{9} \div \dfrac{2}{5} = \boxed{} \div \boxed{} =$

02 $\dfrac{3}{8} \div \dfrac{9}{16} = \boxed{} \div \boxed{} =$

03 $\dfrac{11}{12} \div \dfrac{3}{4} = \boxed{} \div \boxed{} =$

04 $\dfrac{5}{6} \div \dfrac{1}{3} = \boxed{} \div \boxed{} =$

05 $\dfrac{3}{16} \div \dfrac{3}{4} = \boxed{} \div \boxed{} =$

06 $\dfrac{1}{2} \div \dfrac{1}{6} = \boxed{} \div \boxed{} =$

07 $10 \div \dfrac{5}{8} = \boxed{} \div \boxed{} =$

08 $5 \div \dfrac{2}{3} = \boxed{} \div \boxed{} =$

09 $\dfrac{3}{4} \div \dfrac{5}{6} = \boxed{} \div \boxed{} =$

10 $\dfrac{7}{12} \div \dfrac{3}{10} = \boxed{} \div \boxed{} =$

11 $\dfrac{7}{16} \div \dfrac{3}{8} = \boxed{} \div \boxed{} =$

12 $\dfrac{4}{5} \div \dfrac{7}{9} = \boxed{} \div \boxed{} =$

13 $4 \div \dfrac{3}{7} = \boxed{} \div \boxed{} =$

14 $\dfrac{11}{15} \div \dfrac{4}{5} = \boxed{} \div \boxed{} =$

15 $12 \div \dfrac{2}{3} = \boxed{} \div \boxed{} =$

분모의 최소공배수를 곱하면 자연수의 나눗셈이 돼요

나누어지는 수와 나누는 수에 똑같은 수를 곱하면 나눗셈의 결과도 같습니다. 따라서 두 분수에 분모의 최소공배수를 곱해 자연수의 나눗셈으로 풀 수 있습니다.

 ① 분수를 자연수로 만들기 위해서 4와 6의 최소공배수인 12를 두 분수에 각각 곱해 주자!

 ② $9 \div 10 = \frac{9}{10}$ 니까 $\frac{3}{4} \div \frac{5}{6} = \frac{9}{10}$ 야!

$$\frac{3}{4} \div \frac{5}{6} = \overset{①}{\left(\frac{3}{4} \times 12\right) \div \left(\frac{5}{6} \times 12\right)} = \overset{②}{9 \div 10 = \frac{9}{10}}$$

 □ 안에 알맞은 수를 써넣어 계산하세요.

3은 자연수니까 $\frac{2}{5}$ 를 자연수로 만드는 것만 생각해 보자!

01 $3 \div \frac{2}{5} = \left(3 \times \boxed{}\right) \div \left(\frac{2}{5} \times \boxed{}\right) = \boxed{} \div \boxed{} =$

02 $\frac{3}{8} \div \frac{5}{12} = \left(\frac{3}{8} \times \boxed{}\right) \div \left(\frac{5}{12} \times \boxed{}\right) = \boxed{} \div \boxed{} =$

03 $\frac{2}{9} \div \frac{5}{6} = \left(\frac{2}{9} \times \boxed{}\right) \div \left(\frac{5}{6} \times \boxed{}\right) = \boxed{} \div \boxed{} =$

04 $5 \div \frac{5}{8} = \left(5 \times \boxed{}\right) \div \left(\frac{5}{8} \times \boxed{}\right) = \boxed{} \div \boxed{} =$

05 $\frac{5}{14} \div \frac{3}{4} = \left(\frac{5}{14} \times \boxed{}\right) \div \left(\frac{3}{4} \times \boxed{}\right) = \boxed{} \div \boxed{} =$

06 $\frac{9}{10} \div \frac{8}{15} = \left(\frac{9}{10} \times \boxed{}\right) \div \left(\frac{8}{15} \times \boxed{}\right) = \boxed{} \div \boxed{} =$

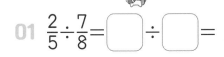

분모의 최소공배수를 곱해야
두 분수 모두 자연수가 돼!

🐰 □ 안에 알맞은 수를 써넣어 계산하세요.

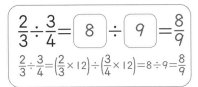

$$\frac{2}{3} \div \frac{3}{4} = \boxed{8} \div \boxed{9} = \frac{8}{9}$$

$$\frac{2}{3} \div \frac{3}{4} = \left(\frac{2}{3} \times 12\right) \div \left(\frac{3}{4} \times 12\right) = 8 \div 9 = \frac{8}{9}$$

01 $\dfrac{2}{5} \div \dfrac{7}{8} = \boxed{} \div \boxed{} =$

02 $\dfrac{5}{9} \div \dfrac{2}{3} = \boxed{} \div \boxed{} =$

03 $\dfrac{5}{6} \div \dfrac{2}{3} = \boxed{} \div \boxed{} =$

04 $\dfrac{7}{8} \div \dfrac{1}{2} = \boxed{} \div \boxed{} =$

05 $\dfrac{5}{12} \div \dfrac{3}{16} = \boxed{} \div \boxed{} =$

06 $\dfrac{9}{10} \div \dfrac{4}{15} = \boxed{} \div \boxed{} =$

07 $\dfrac{5}{8} \div \dfrac{7}{10} = \boxed{} \div \boxed{} =$

08 $\dfrac{5}{6} \div \dfrac{5}{12} = \boxed{} \div \boxed{} =$

09 $\dfrac{7}{15} \div \dfrac{11}{20} = \boxed{} \div \boxed{} =$

10 $\dfrac{4}{5} \div \dfrac{9}{20} = \boxed{} \div \boxed{} =$

11 $\dfrac{1}{3} \div \dfrac{3}{4} = \boxed{} \div \boxed{} =$

12 $\dfrac{5}{18} \div \dfrac{1}{6} = \boxed{} \div \boxed{} =$

13 $\dfrac{3}{8} \div \dfrac{9}{20} = \boxed{} \div \boxed{} =$

14 $\dfrac{9}{16} \div \dfrac{11}{24} = \boxed{} \div \boxed{} =$

15 $\dfrac{5}{14} \div \dfrac{4}{7} = \boxed{} \div \boxed{} =$

두 분수의 나눗셈은 나누는 분수의 분자와 분모를 바꾸어 곱하기로 계산할 수 있습니다.

① 나누는 수, 나누어지는 수에 똑같이 7을 곱해도 계산한 결과는 같아!

② $7÷5=\dfrac{7}{5}$ 이니까

$\dfrac{3}{5}×7÷5=\dfrac{3}{5}×\dfrac{7}{5}$ 이야. 곱셈으로 풀 수 있지!

$$\dfrac{3}{5}÷\dfrac{5}{7}=\underbrace{\left(\dfrac{3}{5}×7\right)÷\left(\dfrac{5}{7}×7\right)}_{①}=\underbrace{\dfrac{3}{5}×7÷5=\dfrac{3}{5}×\dfrac{7}{5}}_{②}=\dfrac{21}{25}$$

✐ ☐ 안에 알맞은 수를 써넣어 계산하세요.

01 $\dfrac{10}{11}÷\dfrac{5}{6}=\dfrac{\boxed{}}{\boxed{}}×\dfrac{\boxed{}}{\boxed{}}=$

02 $\dfrac{3}{8}÷\dfrac{9}{20}=\dfrac{\boxed{}}{\boxed{}}×\dfrac{\boxed{}}{\boxed{}}=$

03 $\dfrac{11}{14}÷\dfrac{8}{21}=\dfrac{\boxed{}}{\boxed{}}×\dfrac{\boxed{}}{\boxed{}}=$

04 $\dfrac{5}{12}÷\dfrac{5}{16}=\dfrac{\boxed{}}{\boxed{}}×\dfrac{\boxed{}}{\boxed{}}=$

05 $4÷\dfrac{5}{6}=\boxed{}×\dfrac{\boxed{}}{\boxed{}}=$

06 $8÷\dfrac{16}{19}=\boxed{}×\dfrac{\boxed{}}{\boxed{}}=$

나누어지는 수가 자연수인 경우에도 나누는 분수만 분자, 분모를 바꿔서 곱셈으로 풀면 돼!

07 $7÷\dfrac{3}{10}=\boxed{}×\dfrac{\boxed{}}{\boxed{}}=$

08 $12÷\dfrac{4}{5}=\boxed{}×\dfrac{\boxed{}}{\boxed{}}=$

그냥 곱하는건 아니지?
분자, 분모를 바꾼 다음에 곱해야 해!

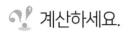 계산하세요.

01 $9 \div \dfrac{6}{11} =$

02 $\dfrac{7}{12} \div \dfrac{2}{9} =$

03 $\dfrac{5}{6} \div \dfrac{10}{11} =$

04 $\dfrac{7}{12} \div \dfrac{5}{6} =$

05 $\dfrac{7}{10} \div \dfrac{4}{5} =$

06 $9 \div \dfrac{3}{5} =$

07 $13 \div \dfrac{10}{13} =$

08 $\dfrac{7}{16} \div \dfrac{4}{9} =$

09 $\dfrac{4}{15} \div \dfrac{2}{9} =$

10 $\dfrac{3}{8} \div \dfrac{4}{7} =$

11 $6 \div \dfrac{3}{8} =$

12 $\dfrac{5}{9} \div \dfrac{11}{18} =$

13 $\dfrac{2}{13} \div \dfrac{7}{8} =$

14 $4 \div \dfrac{2}{7} =$

15 $\dfrac{9}{20} \div \dfrac{5}{16} =$

16 $\dfrac{14}{15} \div \dfrac{3}{10} =$

17 $\dfrac{7}{8} \div \dfrac{6}{7} =$

18 $\dfrac{11}{18} \div \dfrac{9}{13} =$

19 $12 \div \dfrac{8}{11} =$

20 $\dfrac{11}{12} \div \dfrac{5}{16} =$

21 $\dfrac{3}{10} \div \dfrac{12}{13} =$

(진분수)÷(진분수)를 곱셈으로 고쳐 풀기

03 B (진분수)÷(진분수)를 연습해요

🐰 계산하세요.

곱셈식으로 고쳤을 때
약분할 수 있으면
약분한 다음 곱하는 게 편해!

01 $\dfrac{2}{5} \div \dfrac{5}{6} =$

02 $\dfrac{9}{14} \div \dfrac{3}{16} =$

03 $\dfrac{14}{15} \div \dfrac{2}{9} =$

04 $\dfrac{5}{12} \div \dfrac{17}{20} =$

05 $\dfrac{4}{15} \div \dfrac{3}{8} =$

06 $\dfrac{6}{19} \div \dfrac{7}{11} =$

07 $\dfrac{3}{7} \div \dfrac{3}{4} =$

08 $\dfrac{7}{16} \div \dfrac{21}{25} =$

09 $\dfrac{4}{7} \div \dfrac{8}{21} =$

10 $\dfrac{3}{8} \div \dfrac{11}{12} =$

11 $\dfrac{8}{11} \div \dfrac{11}{18} =$

12 $\dfrac{2}{13} \div \dfrac{8}{9} =$

13 $\dfrac{7}{9} \div \dfrac{2}{3} =$

14 $\dfrac{8}{15} \div \dfrac{4}{13} =$

15 $\dfrac{14}{15} \div \dfrac{3}{5} =$

16 $\dfrac{2}{15} \div \dfrac{5}{9} =$

17 $\dfrac{16}{33} \div \dfrac{4}{11} =$

18 $\dfrac{5}{24} \div \dfrac{7}{12} =$

19 $\dfrac{6}{11} \div \dfrac{5}{16} =$

20 $\dfrac{8}{17} \div \dfrac{2}{7} =$

21 $\dfrac{7}{8} \div \dfrac{5}{12} =$

🐰 직사각형의 가로, 세로의 길이를 구하세요.

넓이를 가로의 길이로 나누면 세로의 길이,
넓이를 세로의 길이로 나누면 가로의 길이,
잊지 않았지?

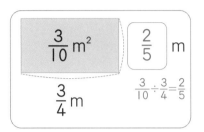

$\frac{3}{10} \div \frac{3}{4} = \frac{2}{5}$

01

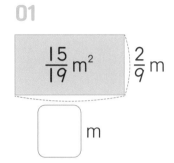

02

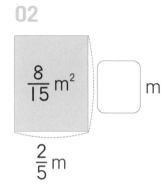

03

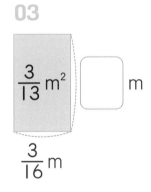

04

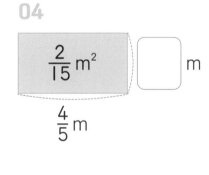

05

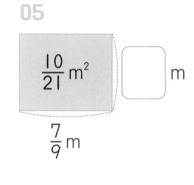

06

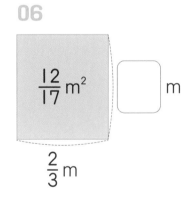

07

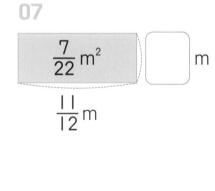

08

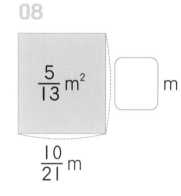

09

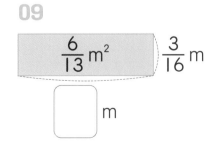

10

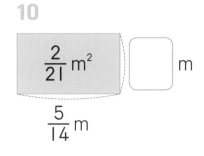

11

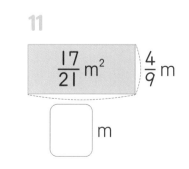

A 분수의 나눗셈을 연습해요

가분수로 써도 틀린 것은 아니지만
대분수로 고칠 수 있으면 대분수로 나타내자!

💡 계산하세요.

01 $\dfrac{5}{8} \div \dfrac{2}{7} =$

02 $\dfrac{5}{14} \div \dfrac{4}{21} =$

03 $\dfrac{7}{9} \div \dfrac{1}{3} =$

04 $\dfrac{7}{12} \div \dfrac{3}{10} =$

05 $\dfrac{3}{4} \div \dfrac{5}{14} =$

06 $\dfrac{5}{12} \div \dfrac{1}{6} =$

07 $\dfrac{2}{3} \div \dfrac{5}{7} =$

08 $\dfrac{15}{17} \div \dfrac{13}{17} =$

09 $5 \div \dfrac{2}{3} =$

10 $\dfrac{15}{28} \div \dfrac{5}{9} =$

11 $6 \div \dfrac{1}{8} =$

12 $\dfrac{7}{11} \div \dfrac{9}{11} =$

13 $\dfrac{5}{9} \div \dfrac{8}{15} =$

14 $\dfrac{11}{20} \div \dfrac{3}{16} =$

15 $\dfrac{6}{25} \div \dfrac{1}{4} =$

16 $13 \div \dfrac{2}{5} =$

17 $\dfrac{3}{11} \div \dfrac{3}{4} =$

18 $\dfrac{6}{13} \div \dfrac{8}{13} =$

19 $\dfrac{5}{8} \div \dfrac{6}{11} =$

20 $8 \div \dfrac{5}{9} =$

21 $\dfrac{11}{15} \div \dfrac{2}{9} =$

🎵 계산하세요.

01 $\dfrac{5}{6} \div \dfrac{3}{10} =$

02 $6 \div \dfrac{4}{7} =$

03 $\dfrac{7}{16} \div \dfrac{3}{10} =$

04 $\dfrac{11}{12} \div \dfrac{5}{24} =$

05 $\dfrac{9}{4} \div \dfrac{3}{4} =$

06 $\dfrac{5}{8} \div \dfrac{5}{6} =$

07 $\dfrac{3}{16} \div \dfrac{1}{4} =$

08 $\dfrac{8}{17} \div \dfrac{16}{17} =$

09 $\dfrac{8}{15} \div \dfrac{1}{6} =$

10 $11 \div \dfrac{5}{6} =$

11 $\dfrac{3}{4} \div \dfrac{1}{10} =$

12 $\dfrac{9}{14} \div \dfrac{3}{7} =$

13 $\dfrac{1}{9} \div \dfrac{7}{12} =$

14 $\dfrac{7}{10} \div \dfrac{3}{10} =$

15 $4 \div \dfrac{4}{9} =$

16 $\dfrac{3}{5} \div \dfrac{13}{15} =$

17 $9 \div \dfrac{1}{3} =$

18 $\dfrac{1}{6} \div \dfrac{2}{3} =$

19 $\dfrac{6}{11} \div \dfrac{6}{13} =$

20 $\dfrac{5}{18} \div \dfrac{5}{12} =$

21 $\dfrac{8}{9} \div \dfrac{7}{18} =$

04 Ⓑ 분수의 나눗셈을 다양하게 연습해요

💡 화살표 방향으로 나눗셈을 합니다. 빈칸에 알맞은 수를 써넣으세요.

01

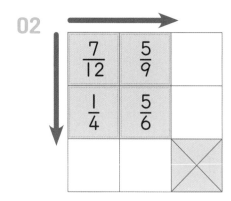

$$\frac{8}{15} \div \frac{3}{5} = \frac{8}{9}$$

$$\frac{7}{10} \div \frac{4}{5}$$

$$\frac{8}{15} \div \frac{7}{10} \qquad \frac{3}{5} \div \frac{4}{5}$$

02

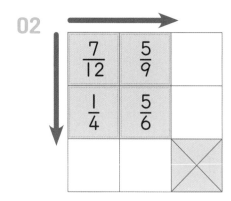

03

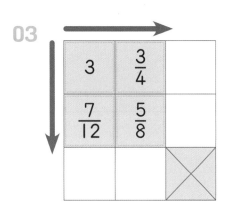

04

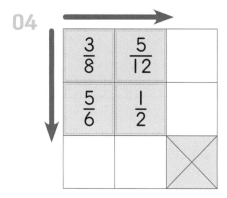

05

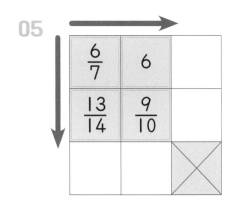

06

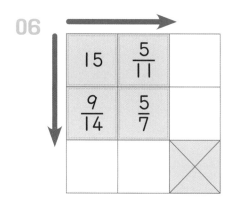

🔑 □ 안에 알맞은 수를 써넣으세요.

$\dfrac{3}{4}$　$\dfrac{2}{3}$

$\dfrac{3}{4} \div \dfrac{2}{3} = 1\dfrac{1}{8}$

(큰 수)÷(작은 수)= $\boxed{1\dfrac{1}{8}}$

(작은 수)÷(큰 수)= $\boxed{\dfrac{8}{9}}$

$\dfrac{2}{3} \div \dfrac{3}{4} = \dfrac{8}{9}$

01

$\dfrac{7}{8}$　$\dfrac{7}{10}$

(큰 수)÷(작은 수)= ☐

(작은 수)÷(큰 수)= ☐

02

$\dfrac{2}{5}$　$\dfrac{4}{7}$

(큰 수)÷(작은 수)= ☐

(작은 수)÷(큰 수)= ☐

03

$\dfrac{5}{9}$　$\dfrac{8}{11}$

(큰 수)÷(작은 수)= ☐

(작은 수)÷(큰 수)= ☐

04

$\dfrac{5}{12}$　$\dfrac{5}{14}$

(큰 수)÷(작은 수)= ☐

(작은 수)÷(큰 수)= ☐

05

$\dfrac{6}{11}$　$\dfrac{9}{11}$

(큰 수)÷(작은 수)= ☐

(작은 수)÷(큰 수)= ☐

06

$\dfrac{8}{15}$　$\dfrac{7}{12}$

(큰 수)÷(작은 수)= ☐

(작은 수)÷(큰 수)= ☐

07

$\dfrac{4}{21}$　$\dfrac{3}{7}$

(큰 수)÷(작은 수)= ☐

(작은 수)÷(큰 수)= ☐

08

$\dfrac{11}{15}$　$\dfrac{3}{5}$

(큰 수)÷(작은 수)= ☐

(작은 수)÷(큰 수)= ☐

05 Ⓐ 대분수는 먼저 가분수로 고치고 풀어요

나눗셈에 대분수가 있으면 먼저 가분수로 고치고, 그다음 나누는 분수의 분자와 분모를 바꾸어 곱하기로 계산합니다. 계산한 결과를 대분수로 고칠 수 있으면 대분수로 고칩니다.

 나누어지는 수인 $1\frac{3}{4}$을 $\frac{7}{4}$로 바꾼 다음 분수의 곱셈 꼴로 풀어.

$$1\frac{3}{4} \div \frac{7}{9} = \frac{7}{4} \div \frac{7}{9} = \frac{7}{4} \times \frac{9}{7} = 2\frac{1}{4}$$

 나누는 수인 $2\frac{2}{5}$를 $\frac{12}{5}$로 바꾼 다음 분수의 곱셈 꼴로 풀어.

$$\frac{4}{15} \div 2\frac{2}{5} = \frac{4}{15} \div \frac{12}{5} = \frac{4}{15} \times \frac{5}{12} = \frac{1}{9}$$

🎵 □ 안에 알맞은 수를 써넣어 계산하세요.

01

$$1\frac{5}{6} \div \frac{3}{4} = \frac{\square}{\square} \div \frac{3}{4} = \frac{\square}{\square} \times \frac{\square}{\square} =$$

02

$$\frac{4}{9} \div 1\frac{2}{3} = \frac{4}{9} \div \frac{\square}{\square} = \frac{\square}{\square} \times \frac{\square}{\square} =$$

03

$$2\frac{2}{5} \div \frac{4}{7} = \frac{\square}{\square} \div \frac{4}{7} = \frac{\square}{\square} \times \frac{\square}{\square} =$$

04

$$\frac{2}{9} \div 1\frac{11}{12} = \frac{2}{9} \div \frac{\square}{\square} = \frac{\square}{\square} \times \frac{\square}{\square} =$$

05

$$1\frac{5}{13} \div \frac{3}{8} = \frac{\square}{\square} \div \frac{3}{8} = \frac{\square}{\square} \times \frac{\square}{\square} =$$

06

$$\frac{8}{15} \div 2\frac{8}{9} = \frac{8}{15} \div \frac{\square}{\square} = \frac{\square}{\square} \times \frac{\square}{\square} =$$

🐰 □ 안에 알맞은 수를 써넣어 계산하세요.

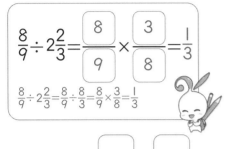

$$\frac{8}{9} \div 2\frac{2}{3} = \frac{8}{9} \times \frac{3}{8} = \frac{1}{3}$$

$$\frac{8}{9} \div 2\frac{2}{3} = \frac{8}{9} \div \frac{8}{3} = \frac{8}{9} \times \frac{3}{8} = \frac{1}{3}$$

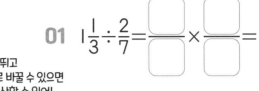

한 단계 건너뛰고
바로 곱셈으로 바꿀 수 있으면
더 빠르게 계산할 수 있어!

01 $1\frac{1}{3} \div \frac{2}{7} = \frac{\square}{\square} \times \frac{\square}{\square} =$

02 $\frac{2}{5} \div 2\frac{1}{12} = \frac{\square}{\square} \times \frac{\square}{\square} =$

03 $2\frac{7}{8} \div \frac{2}{3} = \frac{\square}{\square} \times \frac{\square}{\square} =$

04 $2\frac{4}{19} \div \frac{7}{15} = \frac{\square}{\square} \times \frac{\square}{\square} =$

05 $\frac{13}{14} \div 1\frac{3}{10} = \frac{\square}{\square} \times \frac{\square}{\square} =$

06 $\frac{8}{11} \div 1\frac{4}{5} = \frac{\square}{\square} \times \frac{\square}{\square} =$

07 $4\frac{3}{8} \div \frac{7}{16} = \frac{\square}{\square} \times \frac{\square}{\square} =$

08 $3\frac{5}{6} \div \frac{8}{21} = \frac{\square}{\square} \times \frac{\square}{\square} =$

09 $\frac{13}{15} \div 2\frac{4}{11} = \frac{\square}{\square} \times \frac{\square}{\square} =$

10 $2\frac{3}{4} \div \frac{2}{9} = \frac{\square}{\square} \times \frac{\square}{\square} =$

11 $\frac{25}{26} \div 3\frac{1}{8} = \frac{\square}{\square} \times \frac{\square}{\square} =$

12 $\frac{9}{14} \div 2\frac{7}{12} = \frac{\square}{\square} \times \frac{\square}{\square} =$

13 $1\frac{5}{16} \div \frac{3}{14} = \frac{\square}{\square} \times \frac{\square}{\square} =$

대분수와 대분수의 나눗셈은 둘 다 가분수로 고치고, 그다음 나누는 분수의 분자와 분모를 바꾸어 곱하기로 계산합니다.

$1\frac{3}{5}$은 $\frac{8}{5}$로, $3\frac{1}{5}$은 $\frac{16}{5}$으로 바꾼 다음 분수의 곱셈 꼴로 풀어.

$$1\frac{3}{5} \div 3\frac{1}{5} = \frac{8}{5} \div \frac{16}{5} = \frac{8}{5} \times \frac{5}{16} = \frac{1}{2}$$

✐ ☐ 안에 알맞은 수를 써넣어 계산하세요.

01 $2\frac{2}{3} \div 1\frac{7}{9} = \dfrac{\square}{\square} \times \dfrac{\square}{\square} =$

02 $1\frac{3}{16} \div 2\frac{5}{12} = \dfrac{\square}{\square} \times \dfrac{\square}{\square} =$

03 $3\frac{8}{9} \div 1\frac{1}{6} = \dfrac{\square}{\square} \times \dfrac{\square}{\square} =$

04 $3\frac{9}{10} \div 2\frac{2}{5} = \dfrac{\square}{\square} \times \dfrac{\square}{\square} =$

05 $2\frac{4}{17} \div 2\frac{5}{7} = \dfrac{\square}{\square} \times \dfrac{\square}{\square} =$

06 $1\frac{7}{13} \div 4\frac{2}{7} = \dfrac{\square}{\square} \times \dfrac{\square}{\square} =$

07 $1\frac{1}{5} \div 2\frac{4}{9} = \dfrac{\square}{\square} \times \dfrac{\square}{\square} =$

08 $2\frac{3}{16} \div 3\frac{5}{8} = \dfrac{\square}{\square} \times \dfrac{\square}{\square} =$

🦑 계산하세요.

01 $2\frac{5}{9} \div 2\frac{1}{11} =$

02 $1\frac{2}{3} \div 3\frac{6}{7} =$

03 $4\frac{5}{14} \div 1\frac{1}{7} =$

04 $2\frac{11}{12} \div 1\frac{2}{9} =$

05 $1\frac{1}{9} \div 4\frac{2}{15} =$

06 $3\frac{3}{11} \div 1\frac{7}{22} =$

07 $3\frac{6}{19} \div 2\frac{3}{16} =$

08 $1\frac{4}{11} \div 2\frac{7}{9} =$

09 $2\frac{7}{13} \div 2\frac{5}{14} =$

10 $3\frac{7}{10} \div 1\frac{5}{6} =$

11 $2\frac{6}{13} \div 1\frac{1}{5} =$

12 $1\frac{1}{9} \div 2\frac{8}{15} =$

13 $2\frac{2}{5} \div 3\frac{3}{14} =$

14 $2\frac{2}{5} \div 2\frac{2}{3} =$

15 $2\frac{9}{14} \div 1\frac{5}{11} =$

16 $1\frac{6}{13} \div 3\frac{9}{16} =$

17 $2\frac{8}{21} \div 1\frac{1}{12} =$

18 $1\frac{5}{13} \div 2\frac{2}{7} =$

19 $1\frac{4}{5} \div 2\frac{5}{8} =$

20 $2\frac{9}{20} \div 3\frac{8}{9} =$

21 $3\frac{1}{11} \div 1\frac{5}{12} =$

06 Ⓐ 모두 곱셈으로 고쳐서 풀어요

세 분수의 나눗셈은 모두 곱셈으로 고쳐서 계산합니다.

$$\frac{7}{8} \div \frac{3}{5} \div \frac{15}{16} = \frac{7}{8} \times \frac{5}{3} \times \frac{16}{15} = 1\frac{5}{9}$$

☝ □ 안에 알맞은 수를 써넣어 계산하세요.

01 $\dfrac{3}{4} \div \dfrac{5}{6} \div \dfrac{1}{2} = \dfrac{\square}{\square} \times \dfrac{\square}{\square} \times \dfrac{\square}{\square} =$

02 $\dfrac{3}{8} \div \dfrac{1}{7} \div \dfrac{2}{5} = \dfrac{\square}{\square} \times \dfrac{\square}{\square} \times \dfrac{\square}{\square} =$

03 $\dfrac{7}{11} \div \dfrac{8}{9} \div \dfrac{3}{4} = \dfrac{\square}{\square} \times \dfrac{\square}{\square} \times \dfrac{\square}{\square} =$

04 $\dfrac{4}{5} \div \dfrac{7}{9} \div \dfrac{2}{15} = \dfrac{\square}{\square} \times \dfrac{\square}{\square} \times \dfrac{\square}{\square} =$

05 $\dfrac{5}{16} \div \dfrac{7}{8} \div \dfrac{4}{7} = \dfrac{\square}{\square} \times \dfrac{\square}{\square} \times \dfrac{\square}{\square} =$

06 $\dfrac{3}{14} \div \dfrac{9}{10} \div \dfrac{6}{7} = \dfrac{\square}{\square} \times \dfrac{\square}{\square} \times \dfrac{\square}{\square} =$

🐌 계산하세요.

01 $\dfrac{2}{3} \div \dfrac{3}{4} \div \dfrac{9}{16} =$

02 $\dfrac{2}{9} \div \dfrac{3}{8} \div \dfrac{4}{5} =$

03 $\dfrac{5}{8} \div \dfrac{10}{11} \div \dfrac{2}{3} =$

04 $\dfrac{3}{14} \div \dfrac{3}{10} \div \dfrac{5}{18} =$

05 $\dfrac{7}{9} \div \dfrac{1}{6} \div \dfrac{5}{12} =$

06 $\dfrac{3}{7} \div \dfrac{11}{14} \div \dfrac{5}{6} =$

07 $\dfrac{5}{16} \div \dfrac{2}{5} \div \dfrac{10}{19} =$

08 $\dfrac{5}{11} \div \dfrac{9}{14} \div \dfrac{2}{9} =$

09 $\dfrac{1}{8} \div \dfrac{13}{14} \div \dfrac{5}{12} =$

10 $\dfrac{1}{4} \div \dfrac{1}{6} \div \dfrac{8}{15} =$

11 $\dfrac{7}{15} \div \dfrac{1}{12} \div \dfrac{9}{20} =$

12 $\dfrac{2}{9} \div \dfrac{3}{8} \div \dfrac{12}{13} =$

13 $\dfrac{4}{9} \div \dfrac{9}{10} \div \dfrac{2}{3} =$

14 $\dfrac{4}{7} \div \dfrac{2}{21} \div \dfrac{7}{22} =$

06 Ⓑ 대분수는 가분수로 고치고 풀어요

나눗셈에 대분수가 있으면 먼저 가분수로 고치고, 그다음 나누는 분수의 분자와 분모를 바꾸어 곱하기로 계산합니다.

$$1\frac{2}{3} \div 2\frac{2}{5} \div 2\frac{1}{12} = \frac{5}{3} \times \frac{5}{12} \times \frac{12}{25} = \frac{1}{3}$$

□ 안에 알맞은 수를 써넣어 계산하세요.

01 $1\frac{4}{5} \div 3\frac{6}{7} \div 1\frac{7}{9} = \dfrac{\square}{\square} \times \dfrac{\square}{\square} \times \dfrac{\square}{\square} =$

02 $3\frac{2}{5} \div 2\frac{2}{9} \div 1\frac{1}{8} = \dfrac{\square}{\square} \times \dfrac{\square}{\square} \times \dfrac{\square}{\square} =$

03 $2\frac{5}{8} \div 2\frac{2}{11} \div 3\frac{1}{7} = \dfrac{\square}{\square} \times \dfrac{\square}{\square} \times \dfrac{\square}{\square} =$

04 $3\frac{9}{10} \div 1\frac{5}{6} \div 2\frac{3}{5} = \dfrac{\square}{\square} \times \dfrac{\square}{\square} \times \dfrac{\square}{\square} =$

05 $3\frac{3}{8} \div 1\frac{5}{7} \div 3\frac{8}{9} = \dfrac{\square}{\square} \times \dfrac{\square}{\square} \times \dfrac{\square}{\square} =$

🎵 계산하세요.

01 $1\dfrac{13}{18} \div 1\dfrac{5}{6} \div 2\dfrac{2}{9} =$

02 $\dfrac{3}{10} \div 2\dfrac{2}{5} \div \dfrac{8}{11} =$

03 $3\dfrac{3}{4} \div 1\dfrac{3}{8} \div 2\dfrac{2}{11} =$

04 $1\dfrac{3}{13} \div 3\dfrac{3}{5} \div 1\dfrac{7}{9} =$

05 $1\dfrac{10}{11} \div 2\dfrac{1}{6} \div \dfrac{7}{10} =$

06 $1\dfrac{1}{20} \div 2\dfrac{7}{10} \div 1\dfrac{7}{12} =$

07 $1\dfrac{5}{9} \div \dfrac{7}{18} \div 4\dfrac{5}{8} =$

08 $3\dfrac{1}{18} \div 1\dfrac{7}{9} \div 1\dfrac{9}{16} =$

09 $2\dfrac{3}{22} \div 1\dfrac{11}{15} \div 4\dfrac{6}{11} =$

10 $2\dfrac{1}{17} \div 1\dfrac{1}{4} \div \dfrac{7}{8} =$

11 $2\dfrac{3}{7} \div 3\dfrac{2}{5} \div 3\dfrac{1}{16} =$

12 $2\dfrac{7}{10} \div \dfrac{4}{15} \div 3\dfrac{3}{16} =$

13 $\dfrac{1}{9} \div \dfrac{11}{12} \div 2\dfrac{4}{5} =$

14 $2\dfrac{5}{14} \div 2\dfrac{5}{11} \div 2\dfrac{2}{7} =$

곱셈식으로 풀어도 되지만
통분해서 풀어도 되고,
자연수로 고친 다음 풀어도 돼!

💡 계산하세요.

01 $\dfrac{2}{15} \div \dfrac{7}{9} =$

02 $1\dfrac{3}{10} \div 2\dfrac{8}{9} =$

03 $\dfrac{2}{9} \div \dfrac{5}{18} =$

04 $\dfrac{4}{7} \div 3\dfrac{1}{14} =$

05 $1\dfrac{5}{21} \div \dfrac{2}{3} =$

06 $3\dfrac{1}{6} \div \dfrac{5}{12} =$

07 $\dfrac{2}{5} \div 2\dfrac{6}{11} =$

08 $3\dfrac{1}{18} \div 2\dfrac{1}{12} =$

09 $2\dfrac{11}{16} \div \dfrac{11}{12} =$

10 $3\dfrac{1}{17} \div 2\dfrac{8}{9} =$

11 $\dfrac{11}{13} \div \dfrac{7}{13} =$

12 $\dfrac{2}{13} \div 4\dfrac{4}{9} =$

13 $\dfrac{11}{12} \div \dfrac{9}{16} \div \dfrac{5}{6} =$

14 $\dfrac{10}{13} \div \dfrac{15}{17} \div 1\dfrac{8}{9} =$

15 $2\dfrac{1}{7} \div \dfrac{9}{20} \div \dfrac{4}{15} =$

16 $2\dfrac{1}{6} \div 1\dfrac{6}{7} \div \dfrac{14}{15} =$

17 $3\dfrac{2}{7} \div 3\dfrac{5}{11} \div 2\dfrac{5}{14} =$

18 $1\dfrac{7}{9} \div 2\dfrac{7}{15} \div 1\dfrac{3}{5} =$

🎵 계산하세요.

01 $1\frac{7}{8} \div 3\frac{1}{16} =$

02 $\frac{2}{7} \div \frac{5}{17} =$

03 $2\frac{8}{11} \div \frac{5}{14} =$

04 $\frac{8}{19} \div \frac{16}{19} =$

05 $\frac{7}{9} \div 1\frac{8}{13} =$

06 $\frac{3}{5} \div 1\frac{4}{15} =$

07 $3\frac{3}{14} \div \frac{5}{12} =$

08 $2\frac{11}{15} \div \frac{7}{10} =$

09 $\frac{3}{4} \div \frac{6}{7} =$

10 $4\frac{7}{12} \div 1\frac{13}{20} =$

11 $\frac{5}{24} \div 3\frac{4}{9} =$

12 $2\frac{1}{10} \div 2\frac{3}{16} =$

13 $1\frac{13}{14} \div \frac{15}{16} \div 4\frac{1}{2} =$

14 $3\frac{1}{16} \div 1\frac{5}{9} \div 3\frac{3}{8} =$

15 $1\frac{7}{16} \div 2\frac{3}{10} \div 3\frac{1}{8} =$

16 $4\frac{9}{14} \div 2\frac{3}{5} \div \frac{3}{8} =$

17 $\frac{9}{10} \div 3\frac{7}{15} \div \frac{3}{13} =$

18 $\frac{15}{16} \div \frac{5}{8} \div \frac{3}{10} =$

🔑 빈칸에 알맞은 수를 써넣으세요.

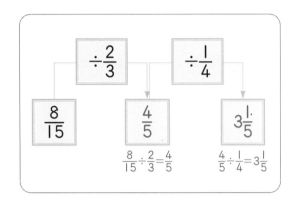

$\frac{8}{15} \div \frac{2}{3} = \frac{4}{5}$ $\frac{4}{5} \div \frac{1}{4} = 3\frac{1}{5}$

01

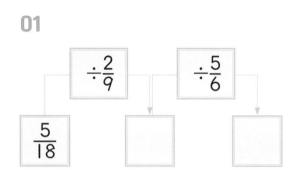

02

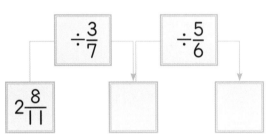

03

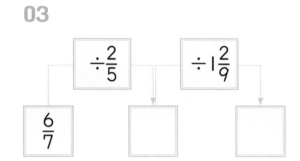

04

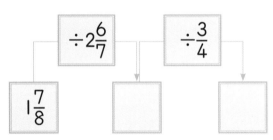

05

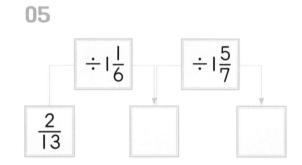

06

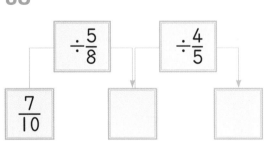

07

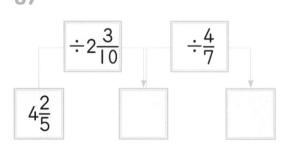

✏️ 공부한 날 : ⬜ 월 ⬜ 일

PART 1

🐿️ □ 안에 계산 결과가 가장 큰 식의 기호를 써넣으세요.

01

$\bigcirc \dfrac{5}{12} \div \dfrac{10}{21}$　　$\bigcirc 3\dfrac{3}{4} \div 1\dfrac{1}{5} \div \dfrac{9}{10}$　　$\bigcirc 3\dfrac{9}{10} \div \dfrac{13}{16}$　　⬜

02

$\bigcirc \dfrac{2}{9} \div \dfrac{11}{12}$　　$\bigcirc 5\dfrac{1}{5} \div \dfrac{3}{10} \div 2\dfrac{2}{3}$　　$\bigcirc \dfrac{1}{14} \div 2\dfrac{3}{7}$　　⬜

03

$\bigcirc \dfrac{7}{18} \div \dfrac{3}{10}$　　$\bigcirc 3\dfrac{3}{14} \div \dfrac{6}{11} \div 1\dfrac{2}{7}$　　$\bigcirc \dfrac{3}{10} \div 3\dfrac{8}{15}$　　⬜

04

$\bigcirc \dfrac{10}{11} \div \dfrac{5}{6}$　　$\bigcirc \dfrac{3}{20} \div 2\dfrac{2}{5} \div \dfrac{2}{3}$　　$\bigcirc 1\dfrac{4}{15} \div \dfrac{9}{10}$　　⬜

05

$\bigcirc \dfrac{7}{12} \div \dfrac{11}{18}$　　$\bigcirc 3\dfrac{9}{10} \div 1\dfrac{5}{8} \div 1\dfrac{2}{5}$　　$\bigcirc \dfrac{4}{9} \div 1\dfrac{11}{18}$　　⬜

06

$\bigcirc \dfrac{7}{9} \div \dfrac{4}{21}$　　$\bigcirc \dfrac{11}{14} \div 2\dfrac{3}{4} \div 1\dfrac{7}{8}$　　$\bigcirc 1\dfrac{7}{10} \div \dfrac{1}{2}$　　⬜

07

$\bigcirc \dfrac{5}{18} \div \dfrac{2}{15}$　　$\bigcirc 3\dfrac{5}{9} \div 1\dfrac{1}{7} \div 1\dfrac{11}{12}$　　$\bigcirc \dfrac{6}{7} \div 2\dfrac{2}{11}$　　⬜

08 Ⓐ 분수의 나눗셈을 마지막으로 연습해요

계산하세요.

01 $\dfrac{10}{11} \div \dfrac{5}{9} =$

02 $3\dfrac{2}{15} \div \dfrac{11}{12} =$

03 $1\dfrac{3}{5} \div 2\dfrac{8}{9} =$

04 $\dfrac{17}{20} \div 3\dfrac{5}{6} =$

05 $\dfrac{9}{16} \div \dfrac{3}{14} =$

06 $2\dfrac{3}{8} \div 2\dfrac{3}{4} =$

07 $\dfrac{7}{9} \div 2\dfrac{7}{15} =$

08 $\dfrac{2}{3} \div 4\dfrac{2}{11} =$

09 $\dfrac{13}{25} \div \dfrac{9}{25} =$

10 $1\dfrac{3}{10} \div 3\dfrac{1}{2} =$

11 $2\dfrac{7}{12} \div \dfrac{3}{8} =$

12 $3\dfrac{7}{15} \div \dfrac{1}{10} =$

13 $\dfrac{9}{11} \div 1\dfrac{1}{6} \div 2\dfrac{5}{11} =$

14 $\dfrac{13}{16} \div \dfrac{3}{20} \div \dfrac{7}{12} =$

15 $3\dfrac{9}{10} \div \dfrac{3}{8} \div 2\dfrac{2}{5} =$

16 $\dfrac{6}{7} \div 1\dfrac{3}{11} \div \dfrac{9}{14} =$

17 $2\dfrac{1}{7} \div 2\dfrac{3}{10} \div 1\dfrac{4}{21} =$

18 $2\dfrac{2}{9} \div \dfrac{7}{15} \div 3\dfrac{2}{11} =$

🔍 화살표 방향으로 나눗셈을 합니다. 빈칸에 알맞은 수를 써넣으세요.

01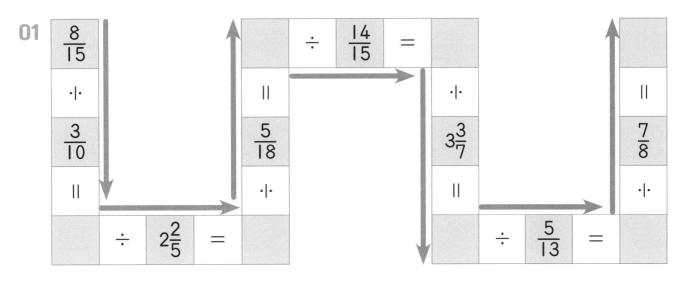

02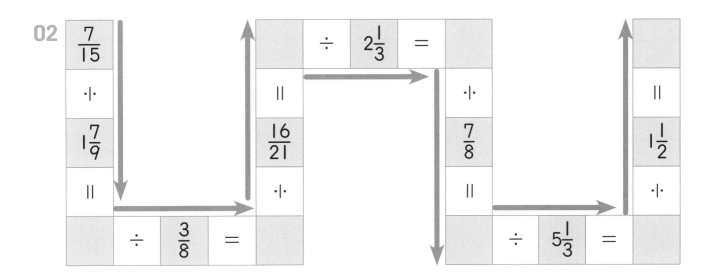

01 □ 안에 수를 알맞게 써넣으세요.

방법1

$\dfrac{2}{7} \div \dfrac{5}{7} = \boxed{} \div \boxed{} = \dfrac{\boxed{}}{\boxed{}} = \boxed{}$

$\dfrac{5}{9} \div \dfrac{2}{9} = \boxed{} \div \boxed{} = \dfrac{\boxed{}}{\boxed{}}$

방법2

$\dfrac{2}{7} \div \dfrac{5}{7} = \dfrac{2}{7} \times \dfrac{\boxed{}}{\boxed{}} = \dfrac{\boxed{}}{\boxed{}} = \boxed{}$

$\dfrac{5}{9} \div \dfrac{2}{9} = \dfrac{5}{9} \times \dfrac{\boxed{}}{\boxed{}} = \dfrac{\boxed{}}{\boxed{}} = \boxed{}$

02 가람이는 사과를 $\dfrac{8}{11}$ kg, 나영이는 $\dfrac{6}{11}$ kg 사 왔습니다. 가람이가 사 온 사과는 나영이가 사 온 사과의 몇 배인가요?

식 : ＿＿＿＿＿＿＿＿＿ 답 : ＿＿＿배

03 계산하세요.

$\dfrac{3}{13} \div \dfrac{6}{13} =$

$\dfrac{15}{16} \div \dfrac{5}{16} =$

$\dfrac{6}{11} \div \dfrac{9}{11} =$

04 □ 안에 알맞은 수를 써넣으세요.

$\boxed{} \times \dfrac{5}{7} = \dfrac{7}{18}$

$2\dfrac{1}{4} \times \boxed{} = 1\dfrac{1}{4}$

$\boxed{} \times \dfrac{3}{8} = 1\dfrac{1}{5}$

05 □ 안에 알맞은 수를 써넣으세요.

$$\frac{3}{4} \div \frac{5}{6} = \frac{\boxed{}}{12} \div \frac{\boxed{}}{\boxed{}} = \boxed{} \div \boxed{} = \boxed{}$$

$$\frac{5}{8} \div \frac{3}{7} = \frac{\boxed{}}{56} \div \frac{\boxed{}}{\boxed{}} = \boxed{} \div \boxed{} = \boxed{}$$

06 계산하세요.

$$\frac{3}{7} \div \frac{1}{4} = \qquad 5\frac{2}{5} \div \frac{9}{25} = \qquad 1\frac{4}{11} \div 3\frac{3}{4} =$$

07 넓이가 $3\frac{1}{3}$ m²인 평행사변형이 있습니다. 이 평행사변형의 밑변의 길이가 $1\frac{2}{3}$ m일 때 높이를 구하세요.

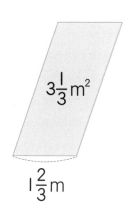

$3\frac{1}{3}$ m²

$1\frac{2}{3}$ m

답 : _____ m

08 철사 $\frac{7}{9}$ m의 무게가 $3\frac{1}{2}$ kg입니다. 철사 1 m의 무게를 구하세요.

식 : _____ 답 : _____ kg

다음 분수를 기약분수로 나타내세요.

$$\frac{1 \times 2 \times 3 \times \cdots \times 99 \times 100}{3 \times 4 \times 5 \times \cdots \times 101 \times 102}$$

1부터 100까지 곱하고,
3부터 102까지도 곱하라고?
그리고 이걸 어떻게 나누지?

그냥 계산하지 말고
더 간단하게 해결할 수 있는
방법을 생각해 보자!

2 PART

소수의 나눗셈

! 차시별로 정답률을 확인하고, 성취도에 ○표 하세요.

😊 80% 이상 맞혔어요.　　😐 60%~80% 맞혔어요.　　😣 60% 이하 맞혔어요.

차시	단원	성취도		
9	자릿수가 같은 소수의 나눗셈	😊	😐	😣
10	자릿수가 다른 소수의 나눗셈	😊	😐	😣
11	나누어떨어지는 나눗셈 세로셈	😊	😐	😣
12	나누어떨어지는 나눗셈 연습	😊	😐	😣
13	반올림하여 구하기	😊	😐	😣
14	자연수 몫과 나머지 구하기	😊	😐	😣
15	나누어떨어지지 않는 나눗셈 연습	😊	😐	😣
16	소수의 나눗셈 종합 연습	😊	😐	😣

소수의 나눗셈은 나누는 수가 자연수가 되게 두 수에 똑같이 10배, 100배, 1000배 합니다.

두 소수에 똑같이 10배, 100배, 1000배 하면 자연수의 나눗셈으로 풀 수 있습니다.

나누는 수, 나누어지는 수에
똑같이 10배 하면
자연수의 나눗셈이 돼!

10배만 해도 둘 다 자연수가 되니까
100배, 1000배 할 필요는 없어!

$14.4 \div 1.2$

$\times 10$ $\times 10$

$= 144 \div 12 = 12$

$14.4 \div 1.2$

$\times 100$ $\times 100$

$= 1440 \div 120$

🎈 10배, 100배, 1000배 하여 자연수의 나눗셈을 만들고 계산하세요.

01 $43.2 \div 1.6$
$= \boxed{} \div \boxed{} = \boxed{}$

02 $3.78 \div 0.21$
$= \boxed{} \div \boxed{} = \boxed{}$

03 $13.6 \div 1.7$
$= \boxed{} \div \boxed{} = \boxed{}$

04 $1.32 \div 0.11$
$= \boxed{} \div \boxed{} = \boxed{}$

05 $5.6 \div 1.4$
$= \boxed{} \div \boxed{} = \boxed{}$

06 $16.2 \div 1.8$
$= \boxed{} \div \boxed{} = \boxed{}$

07 $3.25 \div 0.13$
$= \boxed{} \div \boxed{} = \boxed{}$

08 $2.85 \div 0.15$
$= \boxed{} \div \boxed{} = \boxed{}$

2
PART

소수를 분모가 10, 100, 1000인 분수로 생각한 다음, 분자끼리 나누어 계산할 수 있습니다.

$$14.4 \div 1.2$$

➡️ $$\frac{144}{10} \div \frac{12}{10}$$

➡️ $$144 \div 12 = 12$$

두 소수 모두
분모가 10인 분수로 바꾼 다음,
분자끼리 나누어 계산하자!

🎈 분모가 10, 100, 1000인 분수의 나눗셈을 만들고 계산하세요.

01

$33.6 \div 1.4$

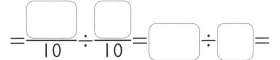

$$= \frac{\boxed{}}{10} \div \frac{\boxed{}}{10} = \boxed{} \div \boxed{} =$$

02

$5.25 \div 0.35$

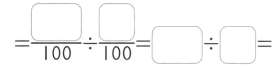

$$= \frac{\boxed{}}{100} \div \frac{\boxed{}}{100} = \boxed{} \div \boxed{} =$$

03

$29.7 \div 2.7$

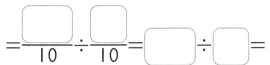

$$= \frac{\boxed{}}{10} \div \frac{\boxed{}}{10} = \boxed{} \div \boxed{} =$$

04

$2.86 \div 0.13$

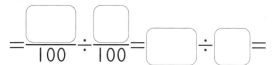

$$= \frac{\boxed{}}{100} \div \frac{\boxed{}}{100} = \boxed{} \div \boxed{} =$$

05

$6.21 \div 0.27$

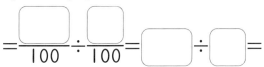

$$= \frac{\boxed{}}{100} \div \frac{\boxed{}}{100} = \boxed{} \div \boxed{} =$$

06

$54.4 \div 3.2$

$$= \frac{\boxed{}}{10} \div \frac{\boxed{}}{10} = \boxed{} \div \boxed{} =$$

07

$33.8 \div 1.3$

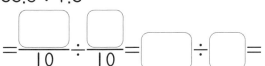

$$= \frac{\boxed{}}{10} \div \frac{\boxed{}}{10} = \boxed{} \div \boxed{} =$$

08

$7.44 \div 0.24$

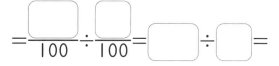

$$= \frac{\boxed{}}{100} \div \frac{\boxed{}}{100} = \boxed{} \div \boxed{} =$$

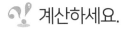

09 B 자릿수가 같은 소수의 나눗셈을 연습해요

설마 1360÷170으로
만들어서 풀고 있는 건
아니지?

계산하세요.

01 23.4÷0.6＝

02 56.1÷1.7＝

03 13.6÷1.7＝

04 4.64÷0.16＝

05 3.84÷0.24＝

06 3.78÷0.21＝

07 8.28÷0.36＝

08 11.25÷0.45＝

09 5.52÷0.23＝

10 92.4÷2.8＝

11 127.1÷4.1＝

12 36.4÷2.6＝

13 59.5÷3.5＝

14 3.08÷0.22＝

15 22.4÷1.6＝

16 0.874÷0.046＝

17 0.377÷0.029＝

18 0.836÷0.038＝

🐰 화살표 방향으로 나눗셈을 합니다. 빈칸에 알맞은 수를 써넣으세요.

01
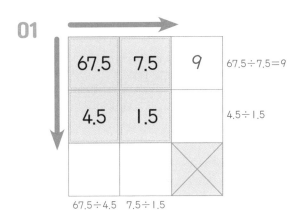

| 67.5 | 7.5 | 9 | 67.5÷7.5=9 |
| 4.5 | 1.5 | | 4.5÷1.5 |

67.5÷4.5   7.5÷1.5

02
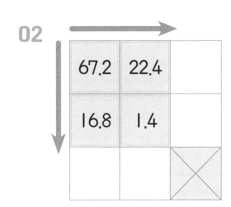

| 67.2 | 22.4 | |
| 16.8 | 1.4 | |

03
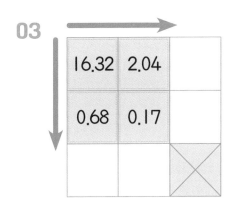

| 16.32 | 2.04 | |
| 0.68 | 0.17 | |

04
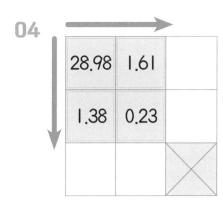

| 28.98 | 1.61 | |
| 1.38 | 0.23 | |

05
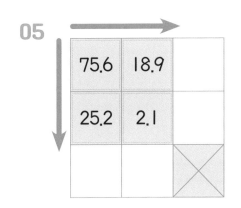

| 75.6 | 18.9 | |
| 25.2 | 2.1 | |

06
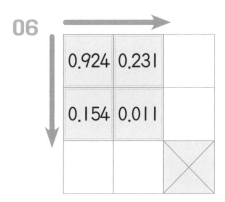

| 0.924 | 0.231 | |
| 0.154 | 0.011 | |

A 나누는 수를 자연수로 만들어요

나누는 수가 자연수가 되도록 두 소수에 똑같이 10배, 100배, 1000배 하면 자연수로 나누는 나눗셈으로 풀 수 있습니다.

나누는 수, 나누어지는 수에 똑같이 10배 하면 자연수로 나누는 나눗셈이 돼!

$28.14 \div 1.4$

$\times 10 \qquad \times 10$

$= 281.4 \div 14 = 20.1$

10배만 해도 나누는 수가 자연수가 되니까 100배, 1000배 할 필요는 없어!

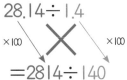

$28.14 \div 1.4$

$\times 100 \qquad \times 100$

$= 2814 \div 140$

✍ 10배, 100배, 1000배 하여 자연수로 나누는 나눗셈을 만들고 계산하세요.

01 $2.42 \div 1.1$
$= \boxed{} \div \boxed{} = \boxed{}$

02 $50.6 \div 0.23$
$= \boxed{} \div \boxed{} = \boxed{}$

03 $3.51 \div 2.7$
$= \boxed{} \div \boxed{} = \boxed{}$

04 $0.216 \div 0.08$
$= \boxed{} \div \boxed{} = \boxed{}$

05 $38.4 \div 0.16$
$= \boxed{} \div \boxed{} = \boxed{}$

06 $31.2 \div 0.24$
$= \boxed{} \div \boxed{} = \boxed{}$

07 $2.47 \div 0.019$
$= \boxed{} \div \boxed{} = \boxed{}$

08 $5.94 \div 3.3$
$= \boxed{} \div \boxed{} = \boxed{}$

나누는 수가 $\frac{1}{10}$로 줄면 나눗셈의 결과가 10배가 되고, $\frac{1}{100}$로 줄면 나눗셈의 결과가 100배가 됩니다.

 나누는 수가 12의 $\frac{1}{10}$인 1.2니까 식의 값은 25의 10배인 250이야!

$300 \div 12 = 25$

$\times \frac{1}{10} \downarrow \qquad \downarrow \times 10$

$300 \div 1.2 = 250$

 자연수로 나누는 나눗셈을 먼저 계산한 다음에 몫을 10배, 100배 해 봐!

🐰 계산하세요.

01 272÷16=

272÷1.6=

272÷0.16=

02 378÷18=

378÷1.8=

378÷0.18=

03 608÷19=

608÷1.9=

608÷0.19=

04 348÷29=

348÷2.9=

348÷0.29=

05 442÷26=

442÷2.6=

442÷0.26=

06 336÷24=

336÷2.4=

336÷0.24=

07 234÷26=

234÷2.6=

234÷0.26=

08 405÷15=

405÷1.5=

405÷0.15=

09 667÷29=

667÷2.9=

667÷0.29=

10 165÷11=

165÷1.1=

165÷0.11=

11 759÷23=

759÷2.3=

759÷0.23=

12 999÷37=

999÷3.7=

999÷0.37=

10 Ⓑ 자릿수가 다른 소수의 나눗셈을 연습해요

🎵 계산하세요.

01 $2.99 \div 2.3 =$

02 $0.306 \div 0.09 =$

03 $77.7 \div 0.21 =$

04 $30.6 \div 0.018 =$

05 $2.85 \div 0.019 =$

06 $0.468 \div 1.2 =$

07 $3.52 \div 0.022 =$

08 $28.8 \div 0.16 =$

09 $0.494 \div 0.26 =$

10 $17.5 \div 0.25 =$

11 $0.814 \div 2.2 =$

12 $2.24 \div 2.8 =$

13 $42.9 \div 0.011 =$

14 $0.448 \div 2.8 =$

15 $62.4 \div 0.024 =$

16 $0.792 \div 0.33 =$

17 $7.74 \div 1.8 =$

18 $9.43 \div 0.041 =$

🐣 몫이 가장 큰 나눗셈에 ◯표, 가장 작은 나눗셈에 △표 하세요.

01

$7.925 \div 2.5$ $17.68 \div 3.4$ $11.25 \div 4.5$ $31.36 \div 3.2$

02

$3.952 \div 1.6$ $24.64 \div 5.6$ $42.88 \div 6.7$ $0.858 \div 0.22$

03

$6.384 \div 0.7$ $16.28 \div 2.2$ $76.54 \div 8.9$ $9.291 \div 1.63$

04

$5.13 \div 2.7$ $3.498 \div 5.3$ $11.78 \div 3.8$ $31.85 \div 6.5$

05

$8.722 \div 1.4$ $9.591 \div 2.3$ $0.924 \div 0.33$ $36.57 \div 6.9$

소수는 소수점을 똑같이 움직이고 자연수는 0을 써요

소수점을 똑같이 움직이면 나누어지는 수, 나누는 수에 똑같이 10배, 100배 하는 것과 같습니다. 따라서 소수점을 똑같이 옮겨 자연수로 나누는 나눗셈으로 풀 수 있습니다.

 소수점을 한 칸씩 움직이면 두 소수 모두 10배가 돼!

 자연수인 24로 나누는 나눗셈이 되었지? 자리에 맞춰 나눠 주자!

 옮긴 소수점 위치 그대로 몫에도 소수점을 찍으면 나눗셈 완성!

$$2.4\,)\overline{6.7.2}$$

→

$$\begin{array}{r} 2\,8 \\ 24\,)\overline{6\,7.2} \\ 4\,8 \\ \hline 1\,9\,2 \\ 1\,9\,2 \\ \hline 0 \end{array}$$

→

$$\begin{array}{r} 2.8 \\ 24\,)\overline{6\,7.2} \\ 4\,8 \\ \hline 1\,9\,2 \\ 1\,9\,2 \\ \hline 0 \end{array}$$

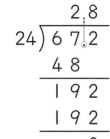 계산하세요.

01

$$2.3\,)\overline{3.6.8}$$

02

$$0.27\,)\overline{7.0.2}$$

03

$$2.4\,)\overline{3.1.2}$$

04

$$2.8\,)\overline{5\,0.4}$$

05

$$1.9\,)\overline{6\,2.7}$$

06

$$1.3\,)\overline{3.6.4}$$

07

$$0.16\,)\overline{4.6.4}$$

08

$$1.7\,)\overline{2.8.9}$$

수에 10배, 100배 하기 위해 소수점을 옮기는 것이기 때문에 나누어지는 수가 자연수라면 소수점을 옮기는 대신 뒤에 0을 씁니다.

 나누는 수는 소수점을 두 칸 옮기고, 나누어지는 수는 뒤에 0을 두 개 써!

$$2.36 \overline{)5900}$$

 자연수인 236으로 나누는 나눗셈이 되었지? 자리에 맞춰 나눠 주면 나눗셈 완성!

$$236 \overline{)5900}$$

25
472
1180
1180
0

 소수점을 옮기는 과정에서 0이 두 개 생긴다고 생각할 수도 있어!

$$2.36 \overline{)59.00}$$

🦐 계산하세요.

01 $12.2 \overline{)1830}$

02 $0.75 \overline{)1200}$

03 $1.32 \overline{)3300}$

04 $1.75 \overline{)2800}$

05 $0.92 \overline{)2300}$

06 $1.08 \overline{)8100}$

07 $21.2 \overline{)3180}$

08 $3.8 \overline{)1330}$

B 더 이상 소수점을 움직일 수 없을 땐 0을 써요

소수점을 옮기는 도중에 나누어지는 수가 자연수가 되면, 소수점을 더 옮기는 대신 뒤에 0
을 써넣어 자리를 맞춥니다.

 일단 소수점을 한 칸 옮겨서
각각 3.5, 14로 만들었고...
어라? 나누어지는 수는
소수점을 더 옮길 수 없잖아?

 그렇다면 나누어지는 수에는
소수점을 더 옮기는 대신
뒤에 0을 한 개 써서 계산해야겠다~!

$$0.35 \overline{)1.4} \quad \longrightarrow \quad 3.5 \overline{)\begin{array}{r} 4 \\ 1\,4\,0 \\ \underline{1\,4\,0} \\ 0 \end{array}}$$

 계산하세요.

01

$$0.25 \overline{)1.5\,0}$$

02

$$0.18 \overline{)4.5\,0}$$

03

$$0.15 \overline{)6.3\,0}$$

04

$$0.16 \overline{)2.4\,0}$$

05

$$0.08 \overline{)3.6\,0}$$

06

$$0.22 \overline{)9.9\,0}$$

07

$$0.14 \overline{)4.9\,0}$$

08

$$0.35 \overline{)9.8\,0}$$

소수점을 얼마나 옮길지,
0을 몇 개 더 쓸지,
잘 생각해서 풀어 봐!

🐰 계산하세요.

01

$1.8\,)\overline{\,8\ 2\ 8\,}$

02

$1.4\,)\overline{\,4.0\ 6\,}$

03

$0.7\,)\overline{\,3.2\ 9\,}$

04

$0.35\,)\overline{\,7.7\,}$

05

$2.6\,)\overline{\,8.5\ 8\,}$

06

$0.38\,)\overline{\,5.7\,}$

07

$2.1\,)\overline{\,4.8\ 3\,}$

08

$0.16\,)\overline{\,3.5\ 2\,}$

09

$1.3\,)\overline{\,6.2\ 4\,}$

10

$0.18\,)\overline{\,4.5\,}$

11

$2.4\,)\overline{\,9\ 8\ 4\,}$

12

$0.9\,)\overline{\,4\ 4.1\,}$

13

$0.11\,)\overline{\,2.7\ 5\,}$

14

$0.22\,)\overline{\,3.9\ 6\,}$

15

$0.15\,)\overline{\,3.3\,}$

16

$2.9\,)\overline{\,3\ 7\ 7\,}$

12 ⒜ 소수점을 올바르게 옮겨 계산해요

🧮 계산하세요.

01

$0.9\overline{)3.0\ 6}$

02

$0.28\overline{)5.0\ 4}$

03

$1.9\overline{)8\ 9\ 3}$

04

$2.2\overline{)0.5\ 5}$

05

$3.5\overline{)8\ 4\ 0}$

06

$1.2\overline{)5\ 2.8}$

07

$1.1\overline{)4.7\ 3}$

08

$0.13\overline{)1\ 8.2}$

09

$0.18\overline{)4.6\ 8}$

10

$2.5\overline{)0.6\ 5}$

11

$0.08\overline{)2\ 3.2}$

12

$2.7\overline{)9.1\ 8}$

13

$2.4\overline{)8.1\ 6}$

14

$0.15\overline{)4\ 2}$

15

$1.6\overline{)2\ 7.2}$

16

$2.1\overline{)9\ 4\ 5}$

🧮 계산하세요.

01

$1.9\overline{)1.3\,3}$

02

$0.13\overline{)4\,4.2}$

03

$0.14\overline{)4.0\,6}$

04

$0.28\overline{)6\,4.4}$

05

$0.11\overline{)4.9\,5}$

06

$2.3\overline{)3\,2\,2}$

07

$0.27\overline{)7\,5.6}$

08

$0.8\overline{)2.4\,8}$

09

$1.5\overline{)5.8\,5}$

10

$0.07\overline{)2\,8.7}$

11

$2.5\overline{)9}$

12

$1.6\overline{)4\,6.4}$

13

$0.9\overline{)2.1\,6}$

14

$2.1\overline{)2\,3\,1}$

15

$1.8\overline{)6\,3\,0}$

16

$2.4\overline{)9\,3.6}$

나누어떨어지는 나눗셈을 다양하게 연습해요

평행사변형의 밑변, 높이의 길이를 구하세요.

넓이를 밑변의 길이로 나누면 높이,
넓이를 높이로 나누면 밑변의 길이,
잊지 않았지?

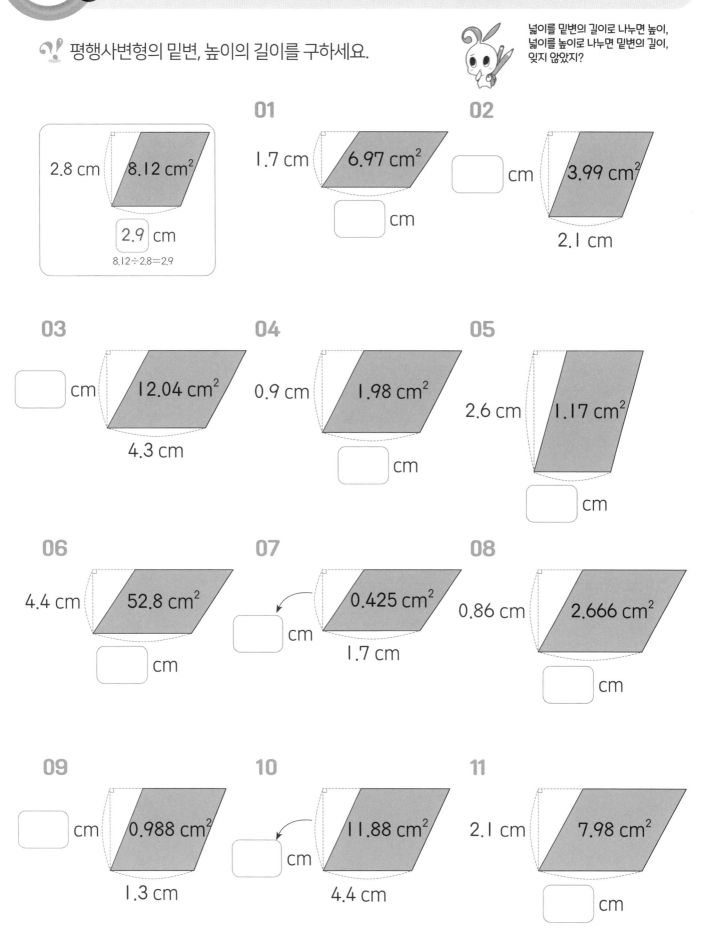

2.8 cm 8.12 cm² [2.9] cm

8.12÷2.8=2.9

01
1.7 cm 6.97 cm² [ ] cm

02
[ ] cm 3.99 cm² 2.1 cm

03
[ ] cm 12.04 cm² 4.3 cm

04
0.9 cm 1.98 cm² [ ] cm

05
2.6 cm 1.17 cm² [ ] cm

06
4.4 cm 52.8 cm² [ ] cm

07
[ ] cm 0.425 cm² 1.7 cm

08
0.86 cm 2.666 cm² [ ] cm

09
[ ] cm 0.988 cm² 1.3 cm

10
[ ] cm 11.88 cm² 4.4 cm

11
2.1 cm 7.98 cm² [ ] cm

🐱 계산 결과를 비교하여 ○ 안에 >, =, <를 알맞게 써넣으세요.

01 $42 \div 2.4$ ◯ $36 \div 1.5$

02 $2.04 \div 0.34$ ◯ $2.66 \div 0.7$

03 $36.12 \div 8.6$ ◯ $7.08 \div 1.5$

04 $31.2 \div 2.6$ ◯ $49.5 \div 5.5$

05 $6.24 \div 1.6$ ◯ $0.432 \div 0.18$

06 $15.96 \div 8.4$ ◯ $10.5 \div 4.2$

07 $12.09 \div 3.1$ ◯ $7.82 \div 4.6$

08 $80.22 \div 4.2$ ◯ $60.31 \div 3.7$

09 $78.2 \div 3.4$ ◯ $11.27 \div 0.23$

10 $15 \div 0.75$ ◯ $16 \div 0.8$

11 $18.88 \div 5.9$ ◯ $5.52 \div 2.4$

12 $7.99 \div 1.7$ ◯ $7.54 \div 1.3$

13 A 나누어떨어지지 않으면 반올림해서 나타낼 수 있어요

나눗셈의 몫이 나누어떨어지지 않으면 몫을 반올림하여 나타낼 수 있습니다.

 2.72÷6을 계산하면
0.453···
앗! 나누어떨어지지 않네!

 그렇다면... 반올림해서 나타내야지!

반올림해서 소수 첫째 자리까지
나타낸다면
소수 둘째 자리에서 반올림해서
0.45 → 0.5로 나타내!

 반올림해서 소수 둘째 자리까지
나타낸다면
소수 셋째 자리에서 반올림해서
0.453 → 0.45로 나타내!

```
        0.4 5 3 ···
    6 ) 2.7 2
        2 4
          3 2
          3 0
            2 0
            1 8
              2
```

```
        0.4 5 → 0.5
    6 ) 2.7 2
        2 4
          3 2
          3 0
            2
```

```
        0.4 5 3 → 0.45
    6 ) 2.7 2
        2 4
          3 2
          3 0
            2 0
            1 8
              2
```

나눗셈의 몫을 반올림하여 소수 첫째 자리까지 나타내세요.

01

```
3 ) 2 2.7
```

02

```
6 ) 5 4.7
```

03

```
7 ) 5 7.2
```

04

```
9 ) 1 3.7
```

05

```
3 ) 1 4.2
```

06

```
9 ) 5 2.9
```

07

```
6 ) 6 5.2
```

08

```
12 ) 4 4.5
```

소수로 나눌 때도 나누어떨어지지 않으면 소수점을 옮기거나 0을 붙여 자릿수를 맞춘 다음 몫을 반올림하여 나타낼 수 있습니다.

먼저 소수점을 한 칸씩 옮겨서
두 소수 모두
10배로 만들어 주고~

소수 셋째 자리에서 반올림해 주면
0.366→0.37로 반올림해서
소수 둘째 자리까지 나타낼 수 있어!

$$0.6\overline{)0.2\;2}$$

$$\longrightarrow$$

$$
\begin{array}{r}
0.3\,6\,6 \to 0.37 \\
6\,\overline{)2.2} \\
1\,8 \\
\hline
4\,0 \\
3\,6 \\
\hline
4\,0 \\
3\,6 \\
\hline
4 \\
\end{array}
$$

🎈 나눗셈의 몫을 반올림하여 소수 둘째 자리까지 나타내세요.

01

$$3.6\overline{)1\;4.6}$$

02

$$1.5\overline{)2\;3.2}$$

03

$$1.8\overline{)4.2\;4}$$

04

$$0.7\overline{)2\;6.9}$$

05

$$1.9\overline{)8.2\;5}$$

06

$$2.4\overline{)3.6\;2}$$

07

$$2.6\overline{)5.9\;4}$$

08

$$4.1\overline{)2\;8.1}$$

13 B 반올림하여 구하기를 연습해요

나눗셈의 몫을 반올림하여 소수 첫째 자리까지 나타내세요.

반올림해서
소수 첫째 자리까지 나타내려면
몫을 소수 둘째 자리까지 구해야 해!

01

2.4) 7.7 2

02

1.7) 7.5 1

03

3) 4.8 7

04

1.7) 3.2 5

05

3) 4.9 3

06

0.6) 3.3 8

07

1.2) 5.2 9

08

4.3) 6.3 9

09

7) 3 9.3

10

2.3) 1 5.1

11

9) 5.8 2

12

3.8) 2 7.3

13

3) 3.5 5

14

3.6) 7.4 1

15

1.8) 1 4.9

16

7) 4.9 8

💡 나눗셈의 몫을 반올림하여 소수 둘째 자리까지 나타내세요.

 반올림해서
소수 둘째 자리까지 나타내려면
몫을 소수 셋째 자리까지 구해야 해!

2 PART

01

$1.5\,)\overline{6.7\,6}$

02

$2.7\,)\overline{3.2\,8}$

03

$1.4\,)\overline{2.2\,8}$

04

$6\,)\overline{1\,9.4}$

05

$9\,)\overline{5.8\,4}$

06

$2.1\,)\overline{9.3\,2}$

07

$0.9\,)\overline{1.7\,3}$

08

$2.4\,)\overline{3.8\,8}$

09

$7\,)\overline{2.7\,5}$

10

$1.1\,)\overline{2.3\,2}$

11

$7\,)\overline{2\,9.6}$

12

$2.2\,)\overline{1\,8.3}$

13

$1.7\,)\overline{7.2\,4}$

14

$3\,)\overline{1\,6.9}$

15

$3.3\,)\overline{4.3\,6}$

16

$11\,)\overline{8.7\,1}$

나머지는 나누어지는 수에서 나누는 수를 최대한 빼고 남은 수이기 때문에 소수의 나눗셈에서 다음과 같이 자연수 몫과 나머지를 구할 수 있습니다.

길이가 13.2 m인 종이띠를 한 사람에 3.1 m씩 나누어 주자. 나눗셈 식으로 나타내면 13.2÷3.1이야!

| 3.1 m | 3.1 m | 3.1 m | 3.1 m |

13.2 m   0.8 m

13.2−3.1×4=0.8이니까 4명에게 나눠주고 0.8 m의 종이띠가 남아.

따라서 13.2÷3.1의 자연수 몫은 4, 나머지는 0.8이야!

$$13.2 \div 3.1 = 4 \cdots 0.8$$

☝ 문제를 읽은 다음 나눗셈식을 세우고 답을 구하세요.

01 사과 9.3 kg을 한 상자에 2.1 kg씩 담으려고 합니다. 몇 상자에 담을 수 있고 남는 사과는 몇 kg일까요?

식 : _____   답 : _____ 상자, _____ kg

02 리본 1.6 m로 상자 하나를 포장할 수 있습니다. 리본 14.7 m로 똑같은 크기의 상자를 포장할 때, 몇 상자를 포장할 수 있고 남는 리본은 몇 m일까요?

식 : _____   답 : _____ 상자, _____ m

03 빵 하나를 만드는 데 설탕 6.5 g이 필요합니다. 설탕 40 g으로 빵을 몇 개 만들 수 있고 남는 설탕은 몇 g일까요?

식 : _____   답 : _____ 개, _____ g

나머지가 있는 나눗셈을 세로셈으로 풀 때도 소수점은 나누어지는 수에 맞추어 찍습니다.
이때 나머지의 소수점은 원래 소수점의 위치에 맞추어 찍습니다.

 나누는 수, 나누어지는 수 모두
소수점을 한 칸씩 움직여.

 자연수 몫은
8이야!

 나머지의 소수점은
원래 소수점의 위치에
맞춰서 찍으면 돼!

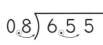

 나누는 수, 나누어지는 수를 모두 10배
해서 계산하면 나머지도 10배가 돼!
따라서 65.5의 소수점에 맞춰서 찍으면
65.5÷8의 나머지가 되는 거지!
소수점의 위치는 정확히 찍자!

💡 나눗셈의 자연수 몫과 나머지를 구하세요.

01

$$3.5\overline{)14.4}$$

02

$$7.3\overline{)82.6}$$

03

$$4.1\overline{)43.9}$$

04

$$1.5\overline{)9.27}$$

05

$$2.2\overline{)5.05}$$

06

$$1.6\overline{)19.3}$$

07

$$3.4\overline{)12.8}$$

08

$$1.6\overline{)3.91}$$

14 Ⓑ 자연수 몫과 나머지 구하기를 연습해요

🎵 나눗셈의 자연수 몫과 나머지를 구하세요.

잘 풀어 놓고 소수점 위치를
잘못 찍어서 틀리진 말자!

01

$4.3 \overline{)\ 3\ 9.4\ }$

02

$1.8 \overline{)\ 1\ 2.7\ }$

03

$7 \overline{)\ 6\ 9.5\ }$

04

$3.8 \overline{)\ 3\ 0.2\ }$

05

$9 \overline{)\ 4\ 6.5\ }$

06

$6.1 \overline{)\ 5\ 8.7\ }$

07

$5.2 \overline{)\ 3\ 5.1\ }$

08

$5.8 \overline{)\ 5\ 5.1\ }$

09

$3.9 \overline{)\ 1\ 9.2\ }$

10

$2.6 \overline{)\ 2\ 1.2\ }$

11

$3 \overline{)\ 1\ 9.7\ }$

12

$7.4 \overline{)\ 5\ 3.2\ }$

13

$6 \overline{)\ 2\ 8.4\ }$

14

$3.4 \overline{)\ 2\ 6.3\ }$

15

$5.3 \overline{)\ 1\ 7.2\ }$

16

$2.4 \overline{)\ 1\ 6.5\ }$

나눗셈의 자연수 몫과 나머지를 구하세요.

설마 18.4÷4.5의 나머지를 4라고 쓰는 건 아니겠지?

01

$7.5\overline{)2\,6.1}$

02

$2.8\overline{)1\,0.9}$

03

$4.5\overline{)3\,5.4}$

04

$7\overline{)5\,9.4}$

05

$1.9\overline{)6\,8.6}$

06

$3\overline{)1\,6.7}$

07

$1.2\overline{)6\,0.8}$

08

$3.8\overline{)5\,2.3}$

09

$9\overline{)2\,5.7}$

10

$3.3\overline{)8\,3.7}$

11

$1.4\overline{)3\,8.4}$

12

$2.7\overline{)7\,2.8}$

13

$9.2\overline{)3\,1.1}$

14

$6.8\overline{)4\,0.2}$

15

$1.8\overline{)1\,3.6}$

16

$6\overline{)4\,5.5}$

15 나누어떨어지지 않는 나눗셈을 연습해요

나눗셈의 몫을 반올림하여 소수 둘째 자리까지 나타내세요.

몫을 소수 둘째 자리까지 나타내려면 소수 몇째 자리에서 반올림해야 된다고 했지?

01

6.2) 2 8.4

02

2.4) 6 7.4

03

3.9) 5 3.5

04

6.3) 1 5.2

05

13) 4 0.4

06

6) 3 2.9

07

4.8) 5 3.6

08

1.7) 7 4.5

09

2.3) 7 1.2

10

2.6) 8 6.1

11

7) 8 4.5

12

3.9) 5 0.1

13

6.1) 2 4.9

14

4.1) 3 1.6

15

11) 9 6.5

16

4.9) 3 8.4

🧐 나눗셈의 자연수 몫과 나머지를 구하세요.

01

$5.7\overline{)5\,6.1}$

02

$1.1\overline{)2.6\,9}$

03

$4.6\overline{)3\,6.5}$

04

$6\overline{)5\,3.4}$

05

$5.3\overline{)4\,6.8}$

06

$7\overline{)4\,8.4}$

07

$4.2\overline{)3\,1.3}$

08

$5.6\overline{)3\,0.2}$

09

$3.3\overline{)7.5\,8}$

10

$2.4\overline{)1\,4.3}$

11

$6\overline{)9.2\,6}$

12

$1.6\overline{)5.9\,9}$

13

$12\overline{)4\,4.5}$

14

$3.1\overline{)5.2\,3}$

15

$8.3\overline{)7\,6.2}$

16

$4.7\overline{)1\,6.8}$

나누어떨어지지 않는 나눗셈을 다양하게 연습해요

나눗셈의 몫을 반올림하여 소수 둘째 자리까지 나타내고, 몫이 가장 큰 식에 ○표, 가장 작은 식에 △표 하세요.

01

12.4÷5.2	13.4÷6
19.5÷7.3	20.1÷8.4

02

41.5÷5.9	43.1÷6
11.8÷1.5	5.05÷0.7

03

15.1÷2.6	21.7÷4.7
36.9÷7	28.9÷6.6

04

34.8÷3.8	33.9÷4.1
38.9÷4.1	10.8÷1.1

🐏 화살표 방향으로 나눗셈을 합니다. 빈칸에 나눗셈의 자연수 몫과 나머지를 써넣으세요.

01

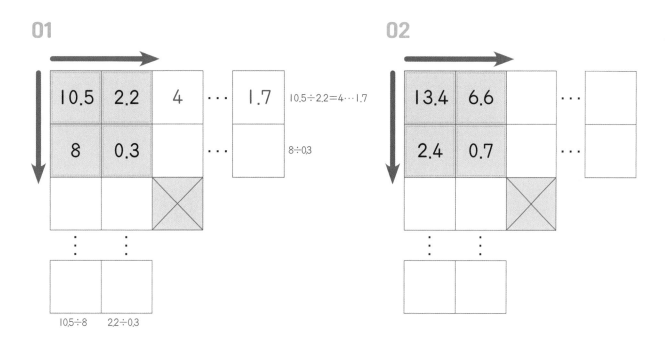

02

03

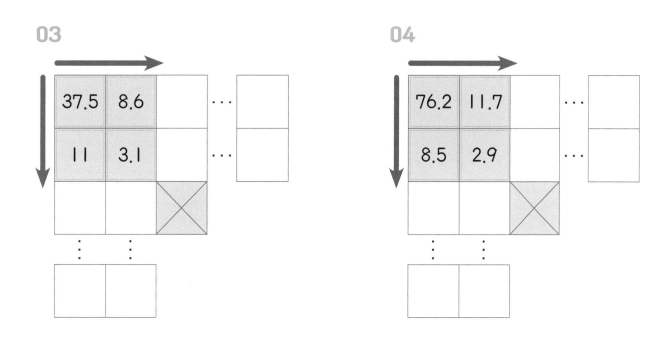

04

계산하세요. (나누어떨어지지 않는 경우 몫을 반올림하여 소수 둘째 자리까지 나타냅니다.)

01

$3.8\overline{)2.3\,1}$

02

$4.9\overline{)6.4\,7}$

03

$0.9\overline{)5\,6.7}$

04

$7.5\overline{)4\,8.2}$

05

$1.2\overline{)1.5\,6}$

06

$7\overline{)7\,2.6}$

07

$3.9\overline{)8\,1.9}$

08

$1.6\overline{)8.4\,4}$

09

$2.6\overline{)8.8\,4}$

10

$1.9\overline{)3\,1.8}$

11

$11\overline{)4\,8.2}$

12

$1.4\overline{)7.6\,3}$

13

$9\overline{)2\,0.8}$

14

$4.4\overline{)9.2\,4}$

15

$1.7\overline{)2\,4.5}$

16

$6.1\overline{)3\,2.7}$

🐣 계산하세요. (나누어떨어지지 않는 경우 몫을 반올림하여 소수 둘째 자리까지 나타냅니다.)

01

$2.8\overline{)1.6\ 2}$

02

$2.9\overline{)5.6\ 1}$

03

$15\overline{)8\ 1.4}$

04

$0.5\overline{)3.4\ 2}$

05

$14\overline{)4\ 5.9}$

06

$8.9\overline{)9\ 1.4}$

07

$2.4\overline{)3.4\ 7}$

08

$5.2\overline{)2\ 3.7}$

09

$1.8\overline{)4.9\ 8}$

10

$7.3\overline{)5\ 1.4}$

11

$6\overline{)3\ 7.2}$

12

$1.6\overline{)6.9\ 6}$

13

$3.7\overline{)9\ 2.5}$

14

$9\overline{)8.0\ 1}$

15

$3.1\overline{)1\ 1.7}$

16

$2.6\overline{)5\ 3.4}$

이런 문제를 다루어요

01 ☐ 안에 알맞은 수를 써넣으세요.

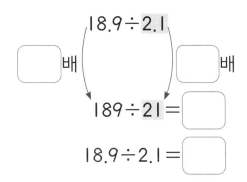

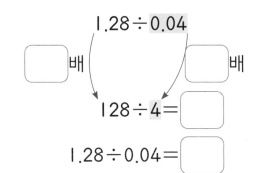

02 계산하세요.

$6.4 \div 0.8 =$ $3.75 \div 0.25 =$ $1.44 \div 0.24 =$

$2.3 \overline{)1.3\,8}$ $1.25 \overline{)6.2\,5}$ $4.3 \overline{)1\,2.9}$

03 설명을 보고 ☐ 안에 알맞은 수를 써넣으세요.

철사 4.35 m를 0.05m씩 자르려고 합니다.

4.35 m = ☐ cm, 0.05 m = 5 cm입니다.

철사 4.35 m를 0.05m씩 자르는 것은

철사 ☐ cm를 5 cm씩 자르는 것과 같습니다.

$4.35 \div 0.05 = $ ☐ $\div 5 = $ ☐

➔ $4.35 \div 0.05 = $ ☐

04 ☐ 안에 알맞은 수를 써넣으세요.

9.25÷2.5에서 9.25와 2.5를 ☐ 배씩 하여

계산하면 92.5÷☐ = ☐ 이에요.

05 계산하세요.

$2.8\overline{\smash{)}5.0\,4}$　　　$4.2\overline{\smash{)}5.4\,6}$　　　$2.7\overline{\smash{)}7.2\,9}$

06 음료수 35.5 L를 한 병에 8 L씩 나누어 담으려고 합니다. 나누어 담을 수 있는 병의 수와 남는 음료수는 몇 L인지 알아보려고 다음과 같이 계산했습니다. ☐ 안에 알맞은 수를 써넣으세요.

35.5−8−8−8−8=☐　➡️　병의 수 : ☐ 개, 남는 음료수의 양 : ☐ L

07 몫을 반올림하여 소수 첫째 자리까지 나타내세요.

$7\overline{\smash{)}2\,0}$　　　$3\overline{\smash{)}1.9}$　　　$0.9\overline{\smash{)}1.5\,4}$

나누어떨어지는 가장 작은 수

숫자 0이 5개 있는 자연수 중에서 32로 나누어 떨어지는 가장 작은 수를 구하세요.

10으로 나누어떨어지면 2로도 나누어떨어지고,
100으로 나누어떨어지면 4로도 나누어떨어지고~

3 PART

비례식과 비례배분

차시별로 정답률을 확인하고, 성취도에 ○표 하세요.

😊 80% 이상 맞혔어요.　　😐 60%~80% 맞혔어요.　　😫 60% 이하 맞혔어요.

차시	단원	성취도		
17	비의 성질, 간단한 자연수의 비로 나타내기	😊	😐	😫
18	분수, 소수의 비를 간단한 자연수의 비로 나타내기	😊	😐	😫
19	간단한 자연수의 비로 나타내기 연습	😊	😐	😫
20	비의 성질로 비례식 완성하기	😊	😐	😫
21	비례식의 성질로 비례식 완성하기	😊	😐	😫
22	비례식 완성하기 연습	😊	😐	😫
23	전체에 대한 부분의 비율로 비례배분	😊	😐	😫
24	비례배분 연습	😊	😐	😫
25	비례식과 비례배분 종합 연습	😊	😐	😫

비의 전항과 후항에 0이 아닌 같은 수를 곱하거나 나누어도 비율은 같습니다.

17 Ⓐ 0이 아닌 같은 수를 곱하거나 나누어도 같은 비율이에요

● 비 3 : 4에서 기호 : 앞에 있는 3을 전항, 뒤에 있는 4를 후항이라고 합니다.

● 비율이 같은 비를 식으로 나타낸 것을 비례식이라고 합니다.

● 비의 전항과 후항에 0이 아닌 같은 수를 곱하거나 나누어도 비율은 같습니다.

$$\overset{\times 3}{2 : 3} = 6 : 9 \quad \underset{\times 3}{}$$

2 : 3의 비율 → $\dfrac{2}{3}$

6 : 9의 비율 → $\dfrac{6}{9} = \dfrac{2 \times 3}{3 \times 3}$

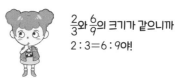

$\dfrac{2}{3}$와 $\dfrac{6}{9}$의 크기가 같으니까
2 : 3 = 6 : 9야!

$$\overset{\div 2}{12 : 10} = 6 : 5 \quad \underset{\div 2}{}$$

12 : 10의 비율 → $\dfrac{12}{10}$

6 : 5의 비율 → $\dfrac{6}{5} = \dfrac{12 \div 2}{10 \div 2}$

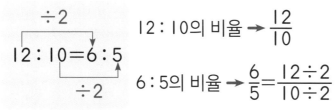

$\dfrac{12}{10}$와 $\dfrac{6}{5}$의 크기가 같으니까
12 : 10 = 6 : 5야!

🔔 ☐ 안에 알맞은 수를 써넣으세요.

01
$$\overset{\times 3}{4 : 3} = \boxed{} : \boxed{}$$
$$\times \boxed{}$$

02
$$\overset{\times 2}{5 : 7} = \boxed{} : \boxed{}$$
$$\times \boxed{}$$

03
$$\overset{\div 3}{9 : 21} = \boxed{} : \boxed{}$$
$$\div \boxed{}$$

04
$$\overset{\times 4}{9 : 2} = \boxed{} : \boxed{}$$
$$\times \boxed{}$$

05
$$\overset{\div 4}{16 : 12} = \boxed{} : \boxed{}$$
$$\div \boxed{}$$

06
$$\overset{\div 5}{10 : 25} = \boxed{} : \boxed{}$$
$$\div \boxed{}$$

전항, 후항에
똑같은 수를 곱하거나 나누어야
똑같은 비율의 비가 돼!

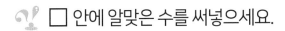

□ 안에 알맞은 수를 써넣으세요.

$4:3=4×5:3×\boxed{5}=\boxed{20}:\boxed{15}$

01

$6:7=6×3:7×\boxed{}=\boxed{}:\boxed{}$

02

$16:8=16÷4:8÷\boxed{}=\boxed{}:\boxed{}$

03

$9:5=9×2:5×\boxed{}=\boxed{}:\boxed{}$

04

$6:13=6×4:13×\boxed{}=\boxed{}:\boxed{}$

05

$9:6=9÷3:6÷\boxed{}=\boxed{}:\boxed{}$

06

$7:14=7÷7:14÷\boxed{}=\boxed{}:\boxed{}$

07

$8:3=8×3:3×\boxed{}=\boxed{}:\boxed{}$

08

$16:14=16÷2:14÷\boxed{}=\boxed{}:\boxed{}$

09

$7:9=7×2:9×\boxed{}=\boxed{}:\boxed{}$

10

$21:15=21÷3:15÷\boxed{}=\boxed{}:\boxed{}$

11

$3:8=3×5:8×\boxed{}=\boxed{}:\boxed{}$

12

$12:7=12×4:7×\boxed{}=\boxed{}:\boxed{}$

13

$8:6=8÷2:6÷\boxed{}=\boxed{}:\boxed{}$

17 Ⓑ 전항, 후항의 최대공약수로 나누면 가장 간단해져요

가장 간단한 자연수의 비로 나타내려면 비의 전항, 후항을 두 수의 최대공약수로 나눕니다.

① 28, 35의 최대공약수 : 7
② ➡ 28 : 35 = 28 ÷ 7 : 35 ÷ 7 = 4 : 5

다음과 같은 순서로 28 : 35를
가장 간단한 자연수의 비로 나타낼 수 있어!

① 28과 35의 최대공약수 7을 구합니다.
② 28과 35를 7로 나눕니다.

❓ □ 안에 알맞은 수를 써넣어 가장 간단한 자연수의 비로 나타내세요.

01 12 : 9 = 12 ÷ □ : 9 ÷ □ = □ : □

02 6 : 18 = 6 ÷ □ : 18 ÷ □ = □ : □

03 20 : 16 = 20 ÷ □ : 16 ÷ □ = □ : □

04 36 : 28 = 36 ÷ □ : 28 ÷ □ = □ : □

05 30 : 15 = 30 ÷ □ : 15 ÷ □ = □ : □

06 56 : 40 = 56 ÷ □ : 40 ÷ □ = □ : □

07 27 : 72 = 27 ÷ □ : 72 ÷ □ = □ : □

08 24 : 42 = 24 ÷ □ : 42 ÷ □ = □ : □

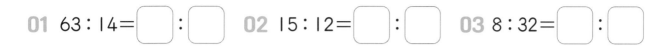 가장 간단한 자연수의 비로 나타내세요.

01 63 : 14 = ☐ : ☐　　**02** 15 : 12 = ☐ : ☐　　**03** 8 : 32 = ☐ : ☐

04 20 : 35 = ☐ : ☐　　**05** 18 : 27 = ☐ : ☐　　**06** 36 : 54 = ☐ : ☐

07 9 : 33 = ☐ : ☐　　**08** 48 : 22 = ☐ : ☐　　**09** 56 : 126 = ☐ : ☐

10 12 : 20 = ☐ : ☐　　**11** 32 : 52 = ☐ : ☐　　**12** 24 : 21 = ☐ : ☐

13 51 : 34 = ☐ : ☐　　**14** 36 : 99 = ☐ : ☐　　**15** 28 : 36 = ☐ : ☐

16 55 : 22 = ☐ : ☐　　**17** 32 : 42 = ☐ : ☐　　**18** 40 : 30 = ☐ : ☐

19 64 : 80 = ☐ : ☐　　**20** 15 : 65 = ☐ : ☐　　**21** 105 : 75 = ☐ : ☐

18 A 먼저 자연수의 비로 나타내요

소수의 비는 전항, 후항 모두 자연수가 되도록 10, 100, 1000을 똑같이 곱하고, 자연수의 비를 다시 가장 간단한 자연수의 비로 나타냅니다.

다음 순서로 0.32 : 2.4를 가장 간단한 자연수의 비로 나타낼 수 있어!

① 0.32, 2.4에 100을 곱해 32, 240으로 만듭니다.
② 32와 240을 두 수의 최대공약수인 16으로 나눕니다.

①
$$0.32 : 2.4 = 0.32 \times 100 : 2.4 \times 100 = 32 : 240 \longrightarrow 2 : 15$$
② ÷16
÷16

□ 안에 알맞은 수를 써넣어 가장 간단한 자연수의 비로 나타내세요.

01 $0.9 : 0.6 = 0.9 \times \boxed{} : 0.6 \times \boxed{} = \boxed{} : \boxed{} \longrightarrow \boxed{} : \boxed{}$

02 $1.6 : 4.4 = 1.6 \times \boxed{} : 4.4 \times \boxed{} = \boxed{} : \boxed{} \longrightarrow \boxed{} : \boxed{}$

03 $5.6 : 0.88 = 5.6 \times \boxed{} : 0.88 \times \boxed{} = \boxed{} : \boxed{} \longrightarrow \boxed{} : \boxed{}$

04 $0.35 : 1.5 = 0.35 \times \boxed{} : 1.5 \times \boxed{} = \boxed{} : \boxed{} \longrightarrow \boxed{} : \boxed{}$

05 $5.4 : 3.6 = 5.4 \times \boxed{} : 3.6 \times \boxed{} = \boxed{} : \boxed{} \longrightarrow \boxed{} : \boxed{}$

06 $0.28 : 1.12 = 0.28 \times \boxed{} : 1.12 \times \boxed{} = \boxed{} : \boxed{} \longrightarrow \boxed{} : \boxed{}$

3 PART

분수의 비는 전항, 후항 모두 자연수가 되도록 두 분모의 최소공배수를 곱하고, 자연수의 비를 다시 가장 간단한 자연수의 비로 나타냅니다.

 다음 순서로 $\frac{3}{4} : \frac{9}{8}$ 를 가장 간단한 자연수의 비로 나타낼 수 있어!

① $\frac{3}{4}$, $\frac{9}{8}$에 두 분모의 최소공배수인 8을 곱해 6, 9로 만듭니다.
② 6과 9를 두 수의 최대공약수인 3으로 나눕니다.

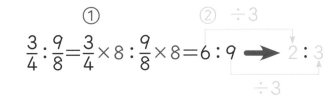

$$\frac{3}{4} : \frac{9}{8} = \frac{3}{4} \times 8 : \frac{9}{8} \times 8 = 6 : 9 \;\longrightarrow\; 2 : 3$$

🐛 ☐ 안에 알맞은 수를 써넣어 가장 간단한 자연수의 비로 나타내세요.

01 $\frac{4}{5} : \frac{2}{3} = \frac{4}{5} \times \boxed{} : \frac{2}{3} \times \boxed{} = \boxed{} : \boxed{} \;\longrightarrow\; \boxed{} : \boxed{}$

최소공배수를 곱하여 가장 간단한 자연수의 비가 나왔다면 그대로 써줘!

02 $\frac{5}{8} : \frac{5}{6} = \frac{5}{8} \times \boxed{} : \frac{5}{6} \times \boxed{} = \boxed{} : \boxed{} \;\longrightarrow\; \boxed{} : \boxed{}$

03 $\frac{9}{14} : \frac{6}{7} = \frac{9}{14} \times \boxed{} : \frac{6}{7} \times \boxed{} = \boxed{} : \boxed{} \;\longrightarrow\; \boxed{} : \boxed{}$

04 $\frac{3}{10} : \frac{2}{5} = \frac{3}{10} \times \boxed{} : \frac{1}{5} \times \boxed{} = \boxed{} : \boxed{} \;\longrightarrow\; \boxed{} : \boxed{}$

05 $\frac{5}{12} : \frac{7}{16} = \frac{5}{12} \times \boxed{} : \frac{7}{16} \times \boxed{} = \boxed{} : \boxed{} \;\longrightarrow\; \boxed{} : \boxed{}$

18 Ⓑ 분수를 소수로 바꾸거나 소수를 분수로 바꾸어요

분수와 소수의 비를 가장 간단한 자연수의 비로 나타낼 때는 먼저 분수를 소수로 바꾸거나 소수를 분수로 바꿉니다.

다음 순서로 $\frac{3}{4}$: 0.6을
가장 간단한 자연수의 비로 나타낼 수 있어!

① $\frac{3}{4}$을 0.75로 바꿉니다.

② 0.75, 0.6에 100을 곱해 75, 60으로 만듭니다.

③ 75 : 60을 가장 간단한 자연수의 비로 나타냅니다.

$$\frac{3}{4} : 0.6 = \boxed{0.75 : 0.6} = \boxed{0.75 \times 100 : 0.6 \times 100 = 75 : 60} \;➡\; 5 : 4$$

다음 순서로도 $\frac{3}{4}$: 0.6을
가장 간단한 자연수의 비로 나타낼 수 있어!

① 0.6을 $\frac{3}{5}$84으로 바꿉니다.

② $\frac{3}{4}$, $\frac{3}{5}$에 20을 곱해 15, 12로 만듭니다.

③ 15 : 12를 가장 간단한 자연수의 비로 나타냅니다.

$$\frac{3}{4} : 0.6 = \boxed{\frac{3}{4} : \frac{3}{5}} = \boxed{\frac{3}{4} \times 20 : \frac{3}{5} \times 20 = 15 : 12} \;➡\; 5 : 4$$

☝ □ 안에 알맞은 수를 써넣어 가장 간단한 자연수의 비로 나타내세요.

소수를 분수로 바꿀 땐 기약분수로 바꿔야 계산이 편리해!

01 $\dfrac{1}{8} : 0.4 = \dfrac{1}{8} : \boxed{} = \dfrac{1}{8} \times \boxed{} : \boxed{} \times \boxed{} = \boxed{} : \boxed{} \;➡\; \boxed{} : \boxed{}$

02 $0.7 : \dfrac{5}{6} = \boxed{} : \dfrac{5}{6} = \boxed{} \times \boxed{} : \dfrac{5}{6} \times \boxed{} = \boxed{} : \boxed{} \;➡\; \boxed{} : \boxed{}$

03 $\dfrac{6}{25} : 0.3 = \boxed{} : 0.3 = \boxed{} \times \boxed{} : 0.3 \times \boxed{} = \boxed{} : \boxed{} \;➡\; \boxed{} : \boxed{}$

🔍 ⬜ 안에 알맞은 수를 써넣어 가장 간단한 자연수의 비로 나타내세요.

01 $\frac{5}{9} : 0.8 = \frac{5}{9} : \boxed{} = \frac{5}{9} \times \boxed{} : \boxed{} \times \boxed{} = \boxed{} : \boxed{} \rightarrow \boxed{} : \boxed{}$

02 $0.2 : \frac{2}{15} = \boxed{} : \frac{2}{15} = \boxed{} \times \boxed{} : \frac{2}{15} \times \boxed{} = \boxed{} : \boxed{} \rightarrow \boxed{} : \boxed{}$

03 $\frac{5}{6} : 0.48 = \frac{5}{6} : \boxed{} = \frac{5}{6} \times \boxed{} : \boxed{} \times \boxed{} = \boxed{} : \boxed{} \rightarrow \boxed{} : \boxed{}$

04 $0.25 : \frac{7}{12} = \boxed{} : \frac{7}{12} = \boxed{} \times \boxed{} : \frac{7}{12} \times \boxed{} = \boxed{} : \boxed{} \rightarrow \boxed{} : \boxed{}$

05 $\frac{13}{20} : 0.3 = \boxed{} : 0.3 = \boxed{} \times \boxed{} : 0.3 \times \boxed{} = \boxed{} : \boxed{} \rightarrow \boxed{} : \boxed{}$

06 $0.6 : \frac{37}{50} = 0.6 : \boxed{} = 0.6 \times \boxed{} : \boxed{} \times \boxed{} = \boxed{} : \boxed{} \rightarrow \boxed{} : \boxed{}$

07 $\frac{1}{4} : 0.4 = \boxed{} : 0.4 = \boxed{} \times \boxed{} : 0.4 \times \boxed{} = \boxed{} : \boxed{} \rightarrow \boxed{} : \boxed{}$

08 $0.8 : \frac{16}{25} = 0.8 : \boxed{} = 0.8 \times \boxed{} : \boxed{} \times \boxed{} = \boxed{} : \boxed{} \rightarrow \boxed{} : \boxed{}$

❓ 가장 간단한 자연수의 비로 나타내세요.

01

$9 : 6 = \boxed{} : \boxed{}$

02

$0.4 : 0.9 = \boxed{} : \boxed{}$

03

$\dfrac{5}{6} : \dfrac{3}{4} = \boxed{} : \boxed{}$

04

$12 : 20 = \boxed{} : \boxed{}$

05

$\dfrac{3}{7} : 0.45 = \boxed{} : \boxed{}$

06

$4.5 : 3.5 = \boxed{} : \boxed{}$

07

$\dfrac{7}{10} : \dfrac{3}{14} = \boxed{} : \boxed{}$

08

$33 : 18 = \boxed{} : \boxed{}$

09

$\dfrac{13}{20} : \dfrac{4}{15} = \boxed{} : \boxed{}$

10

$\dfrac{2}{5} : \dfrac{7}{13} = \boxed{} : \boxed{}$

11

$\dfrac{12}{25} : 0.5 = \boxed{} : \boxed{}$

12

$0.32 : 0.12 = \boxed{} : \boxed{}$

13

$0.48 : \dfrac{2}{15} = \boxed{} : \boxed{}$

14

$1.6 : 0.32 = \boxed{} : \boxed{}$

15

$54 : 42 = \boxed{} : \boxed{}$

16

$\dfrac{1}{18} : \dfrac{8}{27} = \boxed{} : \boxed{}$

17

$0.32 : \dfrac{3}{5} = \boxed{} : \boxed{}$

18

$40 : 130 = \boxed{} : \boxed{}$

19

$\dfrac{7}{12} : 0.4 = \boxed{} : \boxed{}$

20

$72 : 90 = \boxed{} : \boxed{}$

21

$0.16 : 0.56 = \boxed{} : \boxed{}$

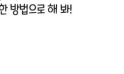
소수를 분수로 고쳐도 되고~
분수를 소수로 고쳐도 되고!
더 편한 방법으로 해 봐!

🐇 가장 간단한 자연수의 비로 나타내세요.

01
$15 : 18 =$ ☐ : ☐

02
$\dfrac{3}{4} : \dfrac{9}{10} =$ ☐ : ☐

03
$0.7 : \dfrac{9}{20} =$ ☐ : ☐

04
$\dfrac{3}{14} : \dfrac{5}{16} =$ ☐ : ☐

05
$84 : 49 =$ ☐ : ☐

06
$0.21 : 0.27 =$ ☐ : ☐

07
$2.6 : 9.1 =$ ☐ : ☐

08
$1.12 : 0.4 =$ ☐ : ☐

09
$50 : 125 =$ ☐ : ☐

10
$\dfrac{7}{8} : \dfrac{3}{10} =$ ☐ : ☐

11
$14 : 22 =$ ☐ : ☐

12
$\dfrac{3}{10} : \dfrac{5}{9} =$ ☐ : ☐

13
$25 : 40 =$ ☐ : ☐

14
$0.8 : \dfrac{19}{35} =$ ☐ : ☐

15
$9.3 : 6.2 =$ ☐ : ☐

16
$\dfrac{1}{6} : 0.6 =$ ☐ : ☐

17
$96 : 60 =$ ☐ : ☐

18
$1.92 : 1.36 =$ ☐ : ☐

19
$\dfrac{8}{15} : \dfrac{4}{9} =$ ☐ : ☐

20
$0.12 : \dfrac{1}{2} =$ ☐ : ☐

21
$\dfrac{4}{25} : 0.28 =$ ☐ : ☐

간단한 자연수의 비로 나타내는 연습을 다양하게 해 봐요

다음은 친구들이 한 시간 동안 뛰는 거리를 나타낸 것입니다.

9.75 km　　$8\frac{1}{4}$ km　　7.2 km　　$11\frac{2}{5}$ km　　8.1 km　　$10\frac{1}{5}$ km

두 사람이 한 시간 동안 뛰는 거리의 비를 가장 간단한 자연수의 비로 나타내세요.

01 와  ➡ ▢ : ▢

02 와 ➡ ▢ : ▢

03 와 ➡ ▢ : ▢

04  ➡ ▢ : ▢

05  ➡ ▢ : ▢

06  ➡ ▢ : ▢

07  ➡ ▢ : ▢

08  ➡ ▢ : ▢

09 와  ➡ ▢ : ▢

10  ➡ ▢ : ▢

11  ➡ ▢ : ▢

12  ➡ ▢ : ▢

🐛 빨간색 막대와 파란색 막대의 길이의 비를 가장 간단한 자연수의 비로 나타내세요.

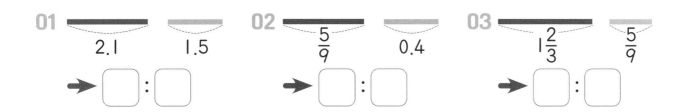

01 2.1 1.5
➡️ ▢ : ▢

02 $\frac{5}{9}$ 0.4
➡️ ▢ : ▢

03 $1\frac{2}{3}$ $\frac{5}{9}$
➡️ ▢ : ▢

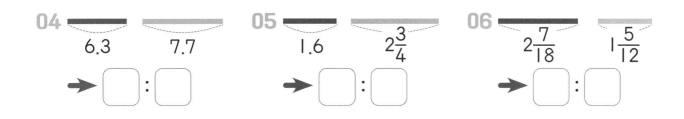

04 6.3 7.7
➡️ ▢ : ▢

05 1.6 $2\frac{3}{4}$
➡️ ▢ : ▢

06 $2\frac{7}{18}$ $1\frac{5}{12}$
➡️ ▢ : ▢

07 0.48 1.26
➡️ ▢ : ▢

08 $\frac{9}{16}$ 1.5
➡️ ▢ : ▢

09 $\frac{1}{4}$ $\frac{5}{12}$
➡️ ▢ : ▢

10 8.4 3.2
➡️ ▢ : ▢

11 0.6 $1\frac{9}{25}$
➡️ ▢ : ▢

12 $1\frac{4}{7}$ $1\frac{3}{8}$
➡️ ▢ : ▢

13 1.04 0.88
➡️ ▢ : ▢

14 $1\frac{11}{20}$ 1.25
➡️ ▢ : ▢

15 $\frac{2}{15}$ $\frac{7}{24}$
➡️ ▢ : ▢

20 Ⓐ 두 비 모두 전항의 크기가 후항의 크기의 △배예요

● 비례식에서 두 비가 나타내는 비율이 같기 때문에 전항이 후항의 몇 배인지의 관계도 같습니다. 이를 이용해서 비례식을 완성할 수 있습니다.

 15는 5의 3배니까
전항은 후항의 3배야.

 □ 안의 수가 전항, 4가 후항이니까
□ 안의 수는 4의 3배인 12야!

$$15 : 5 = \boxed{} : 4 \quad \longrightarrow \quad 15 : 5 = \boxed{12} : 4$$

×3 ... ×3

● 전항이 후항의(또는 후항이 전항의) 몇 배인지 바로 알 수 있을 때 이 방법으로 풉니다.

□ 안에 알맞은 수를 써넣어 비례식을 완성하세요.

 후항이 전항의
몇 배인지를
이용할 수도 있어!

01 ×▢
$$28 : 7 = \underline{} : 3$$
×▢

02 ×▢
$$27 : 9 = \underline{} : 6$$
×▢

03 ×▢
$$2 : 24 = 5 : \underline{}$$
×▢

04 ×▢
$$5 : 45 = 4 : \underline{}$$
×▢

05 ×▢
$$8 : 16 = 13 : \underline{}$$
×▢

06 ×▢
$$\underline{} : 11 = 42 : 6$$
×▢

07 ×▢
$$\underline{} : 5 = 12 : 3$$
×▢

08 ×▢
$$4 : \underline{} = 9 : 63$$
×▢

09 ×▢
$$5 : \underline{} = 8 : 40$$
×▢

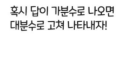
혹시 답이 가분수로 나오면
대분수로 고쳐 나타내자!

🐰 비례식을 완성하세요.

01 $12 : 2 = \underline{\quad} : 5$

02 $\underline{\quad} : 6 = 16 : 8$

03 $15 : 5 = \underline{\quad} : 11$

04 $5 : \underline{\quad} = 9 : 36$

05 $12 : \underline{\quad} = 9 : 108$

06 $5 : \underline{\quad} = 8 : 56$

07 $13 : \underline{\quad} = 18 : 54$

08 $40 : 10 = \underline{\quad} : 7$

09 $4 : 24 = 9 : \underline{\quad}$

10 $\underline{\quad} : 9 = 84 : 12$

11 $\underline{\quad} : 9 = 44 : 11$

12 $3 : 39 = 10 : \underline{\quad}$

13 $\dfrac{2}{21} : \dfrac{16}{21} = 4 : \underline{\quad}$

14 $\underline{\quad} : 7 = \dfrac{15}{17} : \dfrac{3}{17}$

15 $\dfrac{8}{15} : \dfrac{4}{15} = \underline{\quad} : 12$

16 $\dfrac{2}{7} : \dfrac{6}{7} = \dfrac{8}{15} : \underline{\quad}$

17 $\dfrac{7}{12} : \underline{\quad} = \dfrac{1}{8} : \dfrac{7}{8}$

18 $\underline{\quad} : \dfrac{5}{14} = \dfrac{12}{19} : \dfrac{3}{19}$

20 B 전항에도 △배 했으면 후항에도 △배 해야 돼요

● 비의 성질을 이용해서 비례식을 완성할 수 있습니다. 비례식에서 전항에 △배 했다면 후항에도 △배 해야 되는 것을 이용합니다.

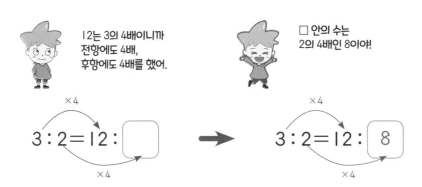

12는 3의 4배이니까 전항에도 4배, 후항에도 4배를 했어.

□ 안의 수는 2의 4배인 8이야!

● 전항에 몇 배 했는지, 후항에 몇 배 했는지 바로 알 수 있을 때 이 방법으로 풉니다.

□ 안에 알맞은 수를 써넣어 비례식을 완성하세요.

01   ×□
2 : 5 = 10 :
×□

02   ×□
4 : 9 = 16 :
×□

03   ×□
7 : 4 = ___ : 32
×□

04   ×□
5 : 6 = ___ : 18
×□

05   ×□
36 : ___ = 9 : 10
×□

06   ×□
21 : ___ = 3 : 5
×□

07   ×□
___ : 54 = 10 : 6
×□

08   ×□
___ : 42 = 3 : 7
×□

09   ×□
48 : ___ = 12 : 15
×□

🐌 비례식을 완성하세요.

01 $12:7=\underline{\quad}:21$

02 $\underline{\quad}:24=5:6$

03 $4:5=\underline{\quad}:40$

04 $18:\underline{\quad}=3:10$

05 $8:\underline{\quad}=2:7$

06 $8:7=72:\underline{\quad}$

07 $\underline{\quad}:105=9:7$

08 $6:14=\underline{\quad}:56$

09 $3:8=39:\underline{\quad}$

10 $75:\underline{\quad}=15:7$

11 $\underline{\quad}:60=14:12$

12 $143:\underline{\quad}=11:4$

13 $\dfrac{4}{13}:17=\dfrac{8}{13}:\underline{\quad}$

14 $\underline{\quad}:\dfrac{14}{25}=12:\dfrac{2}{25}$

15 $\underline{\quad}:\dfrac{15}{22}=7:\dfrac{5}{22}$

16 $\dfrac{3}{10}:\dfrac{7}{12}=\dfrac{9}{10}:\underline{\quad}$

17 $\dfrac{36}{41}:\underline{\quad}=\dfrac{6}{41}:\dfrac{3}{8}$

18 $\dfrac{2}{15}:\dfrac{4}{19}=\underline{\quad}:\dfrac{16}{19}$

21 A 외항의 곱과 내항의 곱은 같아요

● 비례식 2 : 5 = 4 : 10에서 바깥쪽에 있는 2와 10을 외항, 안쪽에 있는 5와 4를 내항이라고 합니다.

● 비례식에서 외항의 곱과 내항의 곱은 같습니다.

 비례식의 두 비를 비율로 나타내면 크기가 같아.

 두 비율을 분모가 같게 통분하면 분모도 서로 같고, 분자도 서로 같겠지?

 따라서 외항의 곱인 2 × 10과, 내항의 곱인 4 × 5는 같아!

$$2 : 5 = 4 : 10 \rightarrow \frac{2}{5} = \frac{4}{10} \rightarrow \frac{2 \times 10}{5 \times 10} = \frac{4 \times 5}{10 \times 5} \rightarrow 2 \times 10 = 4 \times 5$$

□ 안에 알맞은 수를 써넣어 비례식을 완성하세요.

$$\boxed{9.6} \times 10 = 12 \times 8$$
$$\rightarrow 12 : \boxed{9.6} = 10 : 8$$

01
$$\boxed{} \times 15 = 8 \times 6$$
$$\rightarrow 8 : \boxed{} = 15 : 6$$

02
$$\boxed{} \times 5 = 3 \times 6$$
$$\rightarrow 3 : \boxed{} = 5 : 6$$

03
$$9 \times 4 = 6 \times \boxed{}$$
$$\rightarrow 6 : 9 = 4 : \boxed{}$$

04
$$13 \times 5 = 2 \times \boxed{}$$
$$\rightarrow 2 : 13 = 5 : \boxed{}$$

05
$$5 \times \boxed{} = 12 \times 3$$
$$\rightarrow 12 : 5 = \boxed{} : 3$$

06
$$10 \times \boxed{} = 15 \times 8$$
$$\rightarrow 15 : 10 = \boxed{} : 8$$

07
$$9 \times 20 = \boxed{} \times 6$$
$$\rightarrow \boxed{} : 9 = 20 : 6$$

08
$$10 \times 9 = \boxed{} \times 15$$
$$\rightarrow \boxed{} : 10 = 9 : 15$$

🔍 비례식을 완성하세요.

01 ___ : 6 = 16 : 12

02 14 : ___ = 6 : 9

03 7 : ___ = 15 : 18

04 50 : 5 = 8 : ___

05 6 : 11 = 15 : ___

06 ___ : 1 = 4 : 25

07 12 : 13 = 9 : ___

08 ___ : 3 = 14 : 8

09 10 : ___ = 4 : 5

10 9 : 12 = ___ : 10

11 6 : 10 = ___ : 15

12 18 : 12 = ___ : 14

13 10 : ___ = 6 : 15

14 9 : 8 = ___ : 20

15 10 : 13 = 6 : ___

16 ___ : 3 = 18 : 15

17 4 : 6 = 9 : ___

18 13 : 15 = ___ : 12

21 Ⓑ 모양이 나타내는 수를 구해요

🔍 ●이 나타내는 수를 구하세요.

01 $8:12=●:9$ ➡ $●=$ _____

02 $6:15=●:20$ ➡ $●=$ _____

03 $6:10=●:25$ ➡ $●=$ _____

04 $12:10=●:35$ ➡ $●=$ _____

05 $27:●=18:20$ ➡ $●=$ _____

06 $30:●=40:52$ ➡ $●=$ _____

07 $28:●=49:21$ ➡ $●=$ _____

08 $21:●=27:63$ ➡ $●=$ _____

09 $●:35=48:42$ ➡ $●=$ _____

10 $●:30=16:20$ ➡ $●=$ _____

11 $●:30=21:70$ ➡ $●=$ _____

12 $●:96=14:12$ ➡ $●=$ _____

13 $8:26=20:●$ ➡ $●=$ _____

14 $4:22=10:●$ ➡ $●=$ _____

15 $40:56=25:●$ ➡ $●=$ _____

16 $33:18=121:●$ ➡ $●=$ _____

😲 ▲이 나타내는 수를 구하세요.

01 $20 : ▲ = 15 : 6$ ➡ ▲ = _____

02 $16 : ▲ = 24 : 18$ ➡ ▲ = _____

03 $18 : ▲ = 8 : 28$ ➡ ▲ = _____

04 $21 : ▲ = 35 : 10$ ➡ ▲ = _____

05 $28 : 10 = ▲ : 35$ ➡ ▲ = _____

06 $18 : 48 = ▲ : 56$ ➡ ▲ = _____

07 $32 : 12 = ▲ : 27$ ➡ ▲ = _____

08 $22 : 12 = ▲ : 54$ ➡ ▲ = _____

09 $55 : 44 = 15 : ▲$ ➡ ▲ = _____

10 $8 : 36 = 12 : ▲$ ➡ ▲ = _____

11 $18 : 12 = 42 : ▲$ ➡ ▲ = _____

12 $45 : 25 = 108 : ▲$ ➡ ▲ = _____

13 $▲ : 40 = 49 : 35$ ➡ ▲ = _____

14 $▲ : 56 = 30 : 48$ ➡ ▲ = _____

15 $▲ : 35 = 12 : 21$ ➡ ▲ = _____

16 $▲ : 65 = 96 : 156$ ➡ ▲ = _____

22 Ⓐ 편한 방법을 골라서 비례식 완성하기를 연습해요

 비례식을 완성하세요.

세 가지 방법 중에 가장
편한 방법을 골라 풀어 봐!

01 4 : 12 = 7 : _____

02 8 : 7 = 32 : _____

03 12 : 9 = 20 : _____

04 25 : 5 = _____ : 3

05 9 : 6 = _____ : 30

06 24 : 56 = _____ : 42

07 _____ : 8 = 12 : 6

08 _____ : 22 = 15 : 11

09 _____ : 18 = 25 : 45

10 5 : _____ = 8 : 56

11 14 : _____ = 7 : 5

12 16 : _____ = 14 : 63

13 13 : 26 = 4 : _____

14 8 : 9 = 48 : _____

15 28 : 8 = 77 : _____

16 24 : 4 = _____ : 10

17 17 : 14 = _____ : 98

18 16 : 10 = _____ : 35

👤 비례식을 완성하세요.

01 $24 : \underline{\quad} = 7 : 28$

02 $6 : \underline{\quad} = 2 : 17$

03 $24 : \underline{\quad} = 18 : 33$

04 $\underline{\quad} : 5 = 38 : 19$

05 $\underline{\quad} : 14 = 4 : 7$

06 $\underline{\quad} : 36 = 14 : 21$

07 $15 : 3 = \underline{\quad} : 8$

08 $11 : 9 = \underline{\quad} : 54$

09 $10 : 4 = \underline{\quad} : 10$

10 $13 : 52 = 9 : \underline{\quad}$

11 $20 : 7 = 180 : \underline{\quad}$

12 $30 : 9 = 40 : \underline{\quad}$

13 $11 : \underline{\quad} = 12 : 36$

14 $20 : \underline{\quad} = 5 : 6$

15 $36 : \underline{\quad} = 16 : 4$

16 $\underline{\quad} : 7 = 90 : 15$

17 $\underline{\quad} : 78 = 14 : 6$

18 $\underline{\quad} : 32 = 108 : 48$

😊 문제를 읽고 □가 들어간 비례식을 세우고 답을 구하세요.

> 준수와 민수의 키의 비는 7 : 8입니다. 준수의 키가 140 cm일 때 민수의 키는 몇 cm인가요?
>
> 식 : __7 : 8 = 140 : □__   답 : __160__ cm

01 정수네 반의 남학생 수와 여학생 수의 비는 2 : 3입니다. 남학생이 12명일 때 여학생은 몇 명인가요?

식 : _____   답 : _____ 명

02 A 건물과 B 건물의 높이의 비는 13 : 17입니다. B 건물의 높이가 85 m일 때 A 건물의 높이는 몇 m인가요?

식 : _____   답 : _____ m

03 정후가 종이학 4마리를 접는 데 5분이 걸립니다. 24마리를 접으려면 몇 분이 걸리나요?

식 : _____   답 : _____ 분

04 연주가 일정한 속도로 3분 동안 170 m를 걸었습니다. 같은 속도로 1시간을 걷는다면 몇 m를 걷나요?

식 : _____   답 : _____ m

05 어떤 그림의 가로와 세로의 길이 비는 3 : 4입니다. 가로의 길이가 30 cm일 때 세로의 길이는 몇 cm인가요?

식 : _____   답 : _____ cm

🧑 문제를 읽고 □가 들어간 비례식을 세우고 답을 구하세요.

01 동화책과 위인전 수의 비는 6 : 7입니다. 위인전이 91권일 때 동화책은 몇 권인가요?

식 : _____ 답 : _____권

02 어떤 지도는 실제 길이가 150 cm인 것을 8 cm로 나타냅니다. 지도에서 32 cm로 나타난 것의 실제 길이는 몇 cm인가요?

식 : _____ 답 : _____cm

03 태화와 수진이의 몸무게의 비는 11 : 7입니다. 태화의 몸무게가 55 kg이라면 수진이의 몸무게는 몇 kg인가요?

식 : _____ 답 : _____kg

04 어느 농장의 사슴과 토끼 수의 비는 5 : 12입니다. 사슴이 65마리일 때 토끼는 몇 마리인가요?

식 : _____ 답 : _____마리

05 바나나 4 kg을 16000원에 팔고 있습니다. 같은 가격으로 바나나 13 kg을 사려면 얼마가 필요한가요?

식 : _____ 답 : _____원

06 5시간 동안 8분이 느려지는 시계가 있습니다. 시계를 정확히 맞추고 15시간이 지난 후에 시계가 가리키는 시각은 정확한 시계보다 몇 분 느린가요?

식 : _____ 답 : _____분

23 Ⓐ 전체에 대한 부분의 비율을 구한 다음 비례배분해요

비례배분은 전체를 주어진 비로 배분하는 것입니다. 전체를 비가 3 : 5인 파란색 부분과 빨간색 부분으로 나누면 아래와 같습니다.

$$(파란색\ 부분)=(전체)\times\frac{3}{3+5} \qquad (빨간색\ 부분)=(전체)\times\frac{5}{3+5}$$

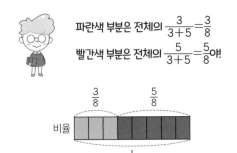

파란색 부분은 전체의 $\frac{3}{3+5}=\frac{3}{8}$

빨간색 부분은 전체의 $\frac{5}{3+5}=\frac{5}{8}$야!

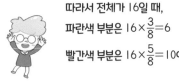

따라서 전체가 16일 때,
파란색 부분은 $16\times\frac{3}{8}=6$
빨간색 부분은 $16\times\frac{5}{8}=10$이야!

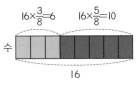

□ 안에 알맞은 수를 써넣어 ㉠, ㉡의 값을 구하세요.

01 ㉠+㉡=30, ㉠ : ㉡=4 : 6

$$㉠=30\times\frac{\boxed{}}{\boxed{}+\boxed{}}=\boxed{}$$

$$㉡=30\times\frac{\boxed{}}{\boxed{}+\boxed{}}=\boxed{}$$

02 ㉠+㉡=49, ㉠ : ㉡=2 : 5

$$㉠=49\times\frac{\boxed{}}{\boxed{}+\boxed{}}=\boxed{}$$

$$㉡=49\times\frac{\boxed{}}{\boxed{}+\boxed{}}=\boxed{}$$

03 ㉠+㉡=44, ㉠ : ㉡=7 : 4

$$㉠=44\times\frac{\boxed{}}{\boxed{}+\boxed{}}=\boxed{}$$

$$㉡=44\times\frac{\boxed{}}{\boxed{}+\boxed{}}=\boxed{}$$

04 ㉠+㉡=95, ㉠ : ㉡=9 : 10

$$㉠=95\times\frac{\boxed{}}{\boxed{}+\boxed{}}=\boxed{}$$

$$㉡=95\times\frac{\boxed{}}{\boxed{}+\boxed{}}=\boxed{}$$

😀 ☐ 안에 알맞은 수를 써넣어 ㉠, ㉡의 값을 구하세요.

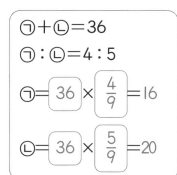

㉠＋㉡＝36
㉠ : ㉡＝4 : 5

㉠＝ 36 × $\frac{4}{9}$ ＝16

㉡＝ 36 × $\frac{5}{9}$ ＝20

01 ㉠＋㉡＝48
㉠ : ㉡＝7 : 9

㉠＝ ☐ × ☐ ＝ ___

㉡＝ ☐ × ☐ ＝ ___

02 ㉠＋㉡＝91
㉠ : ㉡＝3 : 10

㉠＝ ☐ × ☐ ＝ ___

㉡＝ ☐ × ☐ ＝ ___

03 ㉠＋㉡＝66
㉠ : ㉡＝8 : 3

㉠＝ ☐ × ☐ ＝ ___

㉡＝ ☐ × ☐ ＝ ___

04 ㉠＋㉡＝22
㉠ : ㉡＝5 : 6

㉠＝ ☐ × ☐ ＝ ___

㉡＝ ☐ × ☐ ＝ ___

05 ㉠＋㉡＝95
㉠ : ㉡＝12 : 7

㉠＝ ☐ × ☐ ＝ ___

㉡＝ ☐ × ☐ ＝ ___

06 ㉠＋㉡＝69
㉠ : ㉡＝15 : 8

㉠＝ ☐ × ☐ ＝ ___

㉡＝ ☐ × ☐ ＝ ___

07 ㉠＋㉡＝72
㉠ : ㉡＝7 : 17

㉠＝ ☐ × ☐ ＝ ___

㉡＝ ☐ × ☐ ＝ ___

08 ㉠＋㉡＝90
㉠ : ㉡＝5 : 13

㉠＝ ☐ × ☐ ＝ ___

㉡＝ ☐ × ☐ ＝ ___

🔔 ㉠, ㉡의 값을 구하세요.

01 ㉠+㉡=49
㉠ : ㉡=4 : 3

㉠=＿＿ ㉡=＿＿

02 ㉠+㉡=44
㉠ : ㉡=2 : 9

㉠=＿＿ ㉡=＿＿

03 ㉠+㉡=56
㉠ : ㉡=3 : 5

㉠=＿＿ ㉡=＿＿

04 ㉠+㉡=102
㉠ : ㉡=12 : 5

㉠=＿＿ ㉡=＿＿

05 ㉠+㉡=224
㉠ : ㉡=5 : 11

㉠=＿＿ ㉡=＿＿

06 ㉠+㉡=240
㉠ : ㉡=13 : 11

㉠=＿＿ ㉡=＿＿

07 ㉠+㉡=126
㉠ : ㉡=5 : 9

㉠=＿＿ ㉡=＿＿

08 ㉠+㉡=308
㉠ : ㉡=17 : 11

㉠=＿＿ ㉡=＿＿

09 ㉠+㉡=70
㉠ : ㉡=7 : 3

㉠=＿＿ ㉡=＿＿

10 ㉠+㉡=403
㉠ : ㉡=16 : 15

㉠=＿＿ ㉡=＿＿

11 ㉠+㉡=252
㉠ : ㉡=11 : 17

㉠=＿＿ ㉡=＿＿

12 ㉠+㉡=319
㉠ : ㉡=8 : 21

㉠=＿＿ ㉡=＿＿

😲 수를 주어진 비로 비례배분하세요.

01

20을 2 : 3으로 비례배분

➡ _____ , _____

02

33을 3 : 8로 비례배분

➡ _____ , _____

03

96을 13 : 3으로 비례배분

➡ _____ , _____

04

200을 11 : 14로 비례배분

➡ _____ , _____

05

152를 4 : 15로 비례배분

➡ _____ , _____

06

133을 3 : 16으로 비례배분

➡ _____ , _____

07

140을 9 : 19로 비례배분

➡ _____ , _____

08

299를 6 : 7로 비례배분

➡ _____ , _____

09

464를 20 : 9로 비례배분

➡ _____ , _____

10

124를 16 : 15로 비례배분

➡ _____ , _____

11

140을 7 : 3으로 비례배분

➡ _____ , _____

12

495를 14 : 19로 비례배분

➡ _____ , _____

수를 주어진 비로 비례배분하세요.

01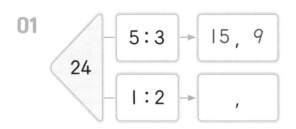

02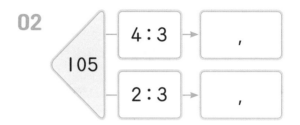

03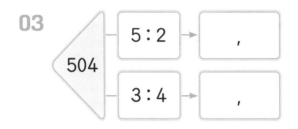

04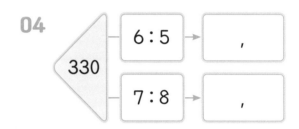

05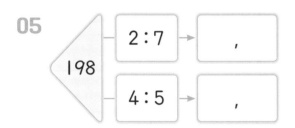

06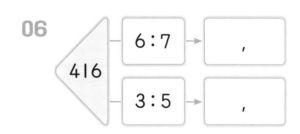

07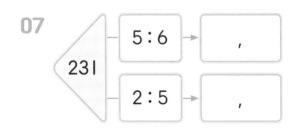

08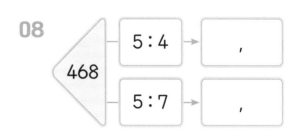

09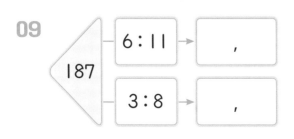

10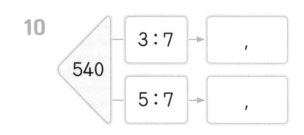

😊 ㉠, ㉡의 값을 구하세요.

01 ㉠+㉡=84
㉠ : ㉡=5 : 9

㉠=_____ ㉡=_____

02 ㉠+㉡=51
㉠ : ㉡=11 : 6

㉠=_____ ㉡=_____

03 ㉠+㉡=170
㉠ : ㉡=7 : 10

㉠=_____ ㉡=_____

04 ㉠+㉡=84
㉠ : ㉡=5 : 7

㉠=_____ ㉡=_____

05 ㉠+㉡=368
㉠ : ㉡=14 : 9

㉠=_____ ㉡=_____

06 ㉠+㉡=104
㉠ : ㉡=15 : 11

㉠=_____ ㉡=_____

07 ㉠+㉡=345
㉠ : ㉡=8 : 7

㉠=_____ ㉡=_____

08 ㉠+㉡=187
㉠ : ㉡=13 : 4

㉠=_____ ㉡=_____

09 ㉠+㉡=204
㉠ : ㉡=19 : 15

㉠=_____ ㉡=_____

10 ㉠+㉡=420
㉠ : ㉡=7 : 23

㉠=_____ ㉡=_____

11 ㉠+㉡=522
㉠ : ㉡=14 : 15

㉠=_____ ㉡=_____

12 ㉠+㉡=434
㉠ : ㉡=26 : 5

㉠=_____ ㉡=_____

📝 문제를 읽고 답을 구하세요.

어느 날 낮과 밤의 길이의 비가 3 : 5라면 낮은 몇 시간인가요?

식 : $24 \times \dfrac{3}{3+5} = 9$ 답 : __9__ 시간

01 색종이 90장을 A 모둠과 B 모둠에게 7 : 8로 나누어 주려고 합니다. A 모둠에게 나누어 줄 색종이는 몇 장인가요?

식 : _____   답 : _____ 장

02 음료수 330 mL를 만들기 위해 사과 원액과 물을 3 : 8의 비율로 섞었습니다. 음료수를 만들기 위해 넣은 사과 원액은 몇 mL인가요?

식 : _____   답 : _____ mL

03 직각삼각형에서 직각이 아닌 두 각의 크기의 비가 11 : 4입니다. 두 각 중 크기가 큰 각의 크기는 몇 °인가요?

식 : _____   답 : _____ °

04 18000원을 경수와 동생에게 7 : 5로 나누어 줄 때 동생이 갖게 되는 용돈은 얼마인가요?

식 : _____   답 : _____ 원

05 엄마와 아빠가 감자 84 kg을 캤습니다. 엄마와 아빠가 캔 감자의 무게의 비가 13 : 8일 때 엄마가 캔 감자의 무게는 몇 kg인가요?

식 : _____   답 : _____ kg

💡 문제를 읽고 답을 구하세요.

01 사탕 28개를 경수와 지석이가 3 : 4로 나누어 가지려고 합니다. 지석이가 갖게 되는 사탕은 몇 개인가요?

식 : _____ 답 : _____ 개

02 밀가루 684 g을 6 : 13으로 나누어 각각 쿠키와 빵을 만들려고 합니다. 쿠키를 만드는 데 사용하는 밀가루는 몇 g인가요?

식 : _____ 답 : _____ g

03 길이가 400 cm인 끈을 길이의 비가 7 : 9가 되도록 두 도막으로 잘랐습니다. 둘 중 더 긴 도막의 길이는 몇 cm인가요?

식 : _____ 답 : _____ cm

04 파란색 물감과 빨간색 물감을 4 : 5의 비로 섞어 보라색 물감 72 g을 만들었습니다. 보라색 물감을 만드는 데 사용한 파란색 물감은 몇 g인가요?

식 : _____ 답 : _____ g

05 어느 학교의 6학년 학생은 모두 544명이고 남학생과 여학생 수의 비는 8 : 9입니다. 남학생은 몇 명인가요?

식 : _____ 답 : _____ 명

06 둘레가 416 cm인 직사각형이 있습니다. 이 직사각형의 가로와 세로의 길이의 비가 3 : 10일 때, 직사각형의 세로의 길이는 몇 cm인가요?

식 : _____ 답 : _____ cm

♀ ●이 나타내는 수를 구하세요.

01 $28 : 7 = ● : 6$ ➡ $● =$ ____

02 $6 : 8 = ● : 32$ ➡ $● =$ ____

03 $6 : 15 = ● : 10$ ➡ $● =$ ____

04 $14 : 21 = ● : 39$ ➡ $● =$ ____

05 $4 : ● = 10 : 40$ ➡ $● =$ ____

06 $5 : ● = 1 : 13$ ➡ $● =$ ____

07 $45 : ● = 35 : 14$ ➡ $● =$ ____

08 $10 : ● = 25 : 35$ ➡ $● =$ ____

09 $● : 3 = 32 : 2$ ➡ $● =$ ____

10 $● : 12 = 17 : 6$ ➡ $● =$ ____

11 $● : 15 = 8 : 10$ ➡ $● =$ ____

12 $● : 12 = 20 : 16$ ➡ $● =$ ____

13 $3 : 27 = 5 : ●$ ➡ $● =$ ____

14 $8 : 3 = 96 : ●$ ➡ $● =$ ____

15 $14 : 6 = 21 : ●$ ➡ $● =$ ____

16 $18 : 20 = 45 : ●$ ➡ $● =$ ____

🐌 수를 주어진 비로 비례배분하세요.

01

33을 2 : 9로 비례배분

➡ ____, ____

02

64를 3 : 5로 비례배분

➡ ____, ____

03

304를 3 : 13으로 비례배분

➡ ____, ____

04

72를 5 : 7로 비례배분

➡ ____, ____

05

165를 8 : 7로 비례배분

➡ ____, ____

06

152를 6 : 13으로 비례배분

➡ ____, ____

07

207을 7 : 2로 비례배분

➡ ____, ____

08

92를 9 : 14로 비례배분

➡ ____, ____

09

147을 10 : 11로 비례배분

➡ ____, ____

10

368을 11 : 5로 비례배분

➡ ____, ____

11

176을 7 : 4로 비례배분

➡ ____, ____

12

558을 14 : 17으로 비례배분

➡ ____, ____

01 비의 성질을 이용하여 6 : 30과 비율이 같은 비를 모두 찾아 ◯표 하세요.

4 : 28　　　　2 : 10　　　　9 : 54　　　　12 : 60

18 : 80　　　　24 : 60　　　　3 : 15　　　　60 : 300

02 가로와 세로의 비가 4 : 3인 직사각형에 모두 ◯표 하세요.

28 cm
21 cm

36 cm
27 cm

30 cm
20 cm

20 cm
16 cm

03 ☐ 안에 알맞은 수를 써넣어 가장 간단한 자연수의 비로 나타내세요.

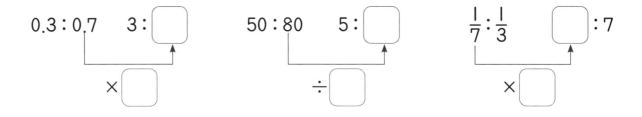

$0.3 : 0.7$　　$3 : \boxed{}$　　×☐

$50 : 80$　　$5 : \boxed{}$　　÷☐

$\dfrac{1}{7} : \dfrac{1}{3}$　　$\boxed{} : 7$　　×☐

04 민수와 준수가 같은 컵에 가득 든 물을 마셨는데 민수는 전체의 $\dfrac{1}{5}$을, 준수는 전체의 $\dfrac{1}{3}$을 마셨습니다. 민수와 준수가 마신 물의 양을 가장 간단한 자연수의 비로 나타내세요.

$\boxed{} : \boxed{}$

05 수 카드 중에서 4장을 골라 비례식을 세우세요.

| 2 | 3 | 12 | 15 | 5 | 18 |

$$\boxed{} : \boxed{} = \boxed{} : \boxed{}$$

06 비례식의 성질을 이용하여 ☐ 안에 알맞은 수를 써넣으세요.

$8 : 5 = \boxed{} : 25$ $9 : 7 = 45 : \boxed{}$ $4 : 3 = \boxed{} : 12$

$\boxed{} : 6 = 45 : 18$ $28 : \boxed{} = 14 : 17$ $\boxed{} : 55 = 44 : 5$

07 사과 4개는 5000원입니다. 사과 12개는 얼마인지 비례식을 세워서 구하세요.

비례식 : _____   답 : _____ 원

08 어느 날 낮과 밤의 길이의 비가 7 : 5라면 밤은 몇 시간인지 구하세요.

답 : _____ 시간

어떤 시계가 더 정확할까?

가람이가 가진 시계는 정확한 시계가 I시간 가는 동안 59분 가고, 나영이가 가진 시계가 I시간 가는 동안 정확한 시계는 59분 갑니다. 둘 중에 누구의 시계가 더 정확한가요?

뭐야? 둘 다 I시간에 I분씩 오차가 생기는 거 아닌가?

아니야~ 잘 생각해 봐!

원주와 원의 넓이

❗ 차시별로 정답률을 확인하고, 성취도에 ○표 하세요.

😊 80% 이상 맞혔어요.　　😐 60% ~ 80% 맞혔어요.　　😫 60% 이하 맞혔어요.

차시	단원	성취도		
26	지름, 반지름의 길이로 원의 둘레 구하기	😊	😐	😫
27	원주로 지름, 반지름 구하기	😊	😐	😫
28	원을 변형한 도형의 둘레	😊	😐	😫
29	원주와 지름, 반지름 구하기 연습	😊	😐	😫
30	반지름과 원의 넓이	😊	😐	😫
31	원을 변형한 도형의 넓이	😊	😐	😫
32	원의 넓이 구하기 연습	😊	😐	😫

원주와 지름의 비율은 항상 같습니다. 이 비율을 원주율이라고 합니다.

● 원주율은 원의 지름에 대한 원주의 비율입니다. 다음과 같이 원주율, 원주, 지름에 대한 식을 세울 수 있습니다.

(원주율)=(원주)÷(지름)　　(원주)=(지름)×(원주율)　　(지름)=(원주)÷(원주율)

● 원주율을 정확히 나타내면 3.141592…로 끝없이 이어지기 때문에 보통 3.14로 어림 해서 사용합니다.

 정사각형의 둘레는
원의 지름의 4배네.
원주는 지름의 4배보다 짧으니까
원주율도 4보다 작아!

 (원주)<(정사각형의 둘레)=(지름)×4

　　➡　원주율<4

 정육각형의 한 변의 길이는 원의 반지름과 같으니까
정육각형의 둘레는 원의 지름의 3배네.
원주는 지름의 3배보다 기니까
원주율도 3보다 커!

 (원주)>(정육각형의 둘레)=(반지름)×6
　　　　　　　　　　　=(지름)×3

　　➡　원주율>3

 따라서 원주율은 3보다 크고 4보다 작아!
정확히 나타내면 3.141592…로
끝없이 이어지기 때문에
보통 3.14로 어림해서 사용해!

3<원주율<4

🔔 □ 안에 알맞은 수를 써넣어 원주를 구하세요. (원주율 : 3.1)

01

□ × 3.1 = □ (cm)

02

□ × 3.1 = □ (cm)

03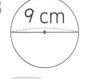

□ × 3.1 = □ (cm)

04

□ × 3.1 = □ (cm)

(지름)＝(반지름)×2이기 때문에 반지름으로 원주를 구하면 다음과 같습니다.

(원주)＝(지름)×(원주율)＝(반지름)×2×(원주율)

🐰 □ 안에 알맞은 수를 써넣어 원주를 구하세요. (원주율 : 3.14)

반지름이 나와 있으면 2를 곱하는 걸 잊으면 안 돼!

01

4 cm

□ × 3.14 = □ (cm)

02

3 cm

□ × 2 × 3.14 = □ (cm)

03

5 cm

□ × 3.14 = □ (cm)

04
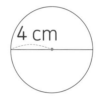
4 cm

□ × 2 × 3.14 = □ (cm)

05
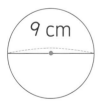
9 cm

□ × 3.14 = □ (cm)

06
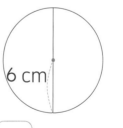
6 cm

□ × 2 × 3.14 = □ (cm)

07
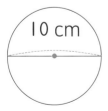
10 cm

□ × 3.14 = □ (cm)

08

7 cm

□ × 2 × 3.14 = □ (cm)

🔎 원주를 구하세요. (원주율 : 3.1)

01  8 cm

_____ cm

02 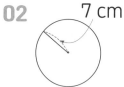 7 cm

_____ cm

03  9 cm

_____ cm

04  25 cm

_____ cm

05  14.5 cm

_____ cm

06 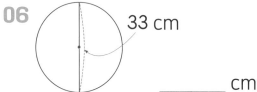 33 cm

_____ cm

07  36 cm

_____ cm

08  19 cm

_____ cm

09 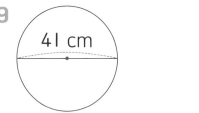 41 cm

_____ cm

10 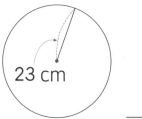 23 cm

_____ cm

원주율을 몇으로 어림했는지
먼저 확인하고 문제를 풀자!

💡 원주를 구하세요. (원주율 : 3.14)

01

3.5 cm

_____ cm

02

13 cm

_____ cm

03
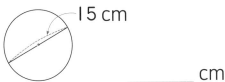
15 cm

_____ cm

04

9.5 cm

_____ cm

4
PART

05

11 cm

_____ cm

06

24 cm

_____ cm

07

31 cm

_____ cm

08
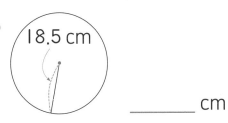
18.5 cm

_____ cm

09

21.5 cm

_____ cm

10
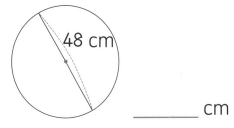
48 cm

_____ cm

원주를 원주율로 나누면 지름이에요

원주를 이용해서 지름, 반지름을 구할 수 있습니다.

$$(지름)＝(원주)÷(원주율) \qquad (반지름)＝(지름)÷2＝(원주)÷(원주율)÷2$$

지름을 구할 때는
바로 원주에서 원주율인
3.14로 나누면 돼!

반지름을 구할 때는
원주를 3.14로 나눈 다음
2로 나누는 걸 잊지 마!

(원주)＝25.12 cm　　(지름)＝25.12÷3.14＝8 (cm)　　(반지름)＝25.12÷3.14÷2＝4 (cm)

🐌 원 안의 수는 원주입니다. ☐ 안에 알맞은 수를 써넣어 지름을 구하세요. (원주율 : 3.1)

01

12.4 cm

12.4÷☐＝☐ cm

02

27.9 cm

27.9÷☐＝☐ cm

03

34.1 cm

34.1÷☐＝☐ cm

04

49.6 cm

49.6÷☐＝☐ cm

05

80.6 cm

80.6÷☐＝☐ cm

06

99.2 cm

99.2÷☐＝☐ cm

(반지름)＝(원주)÷(원주율)÷2이기 때문에 반지름을 구할 때 바로 원주율의 두 배로 나눌 수도 있습니다.

원주율의 두 배가 6.28인 것을 기억하고 원주를 6.28로 나누어 바로 반지름을 구할 수도 있어!

(원주)＝25.12 cm   (반지름)＝25.12÷6.28＝4 (cm)

🐹 원 안의 수는 원주입니다. ▢ 안에 알맞은 수를 써넣어 반지름을 구하세요. (원주율 : 3.14)

4 PART

01

31.4÷ ▢ ÷2＝ ▢ cm

02

43.96÷ ▢ ÷2＝ ▢ cm

03

65.94÷ ▢ ÷2＝ ▢ cm

04

87.92÷ ▢ ÷2＝ ▢ cm

05

106.76÷ ▢ ÷2＝ ▢ cm

06

147.58÷ ▢ ÷2＝ ▢ cm

27 B 원주로 지름, 반지름을 구해요

원 안의 수는 원주입니다. 지름, 반지름을 구하세요. (원주율 : 3.1)

01

18.6 cm

지름 : _____ cm

02

46.5 cm

반지름 : _____ cm

03

65.1 cm

지름 : _____ cm

04

74.4 cm

반지름 : _____ cm

05

86.8 cm

지름 : _____ cm

06

102.3 cm

반지름 : _____ cm

07

111.6 cm

지름 : _____ cm

08

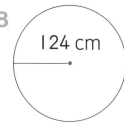

124 cm

반지름 : _____ cm

09

127.1 cm

지름 : _____ cm

10

139.5 cm

반지름 : _____ cm

원주율을 몇으로 어림했는지
먼저 확인하고 문제를 풀자!

원 안의 수는 원주입니다. 지름, 반지름을 구하세요. (원주율 : 3.14)

01

34.54 cm

지름 : _____ cm

02

43.96 cm

반지름 : _____ cm

03

72.22 cm

지름 : _____ cm

04

81.64 cm

반지름 : _____ cm

05

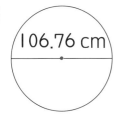
106.76 cm

지름 : _____ cm

06

128.74 cm

반지름 : _____ cm

07

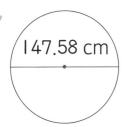
147.58 cm

지름 : _____ cm

08

150.72 cm

반지름 : _____ cm

09

157 cm

지름 : _____ cm

10

175.84 cm

반지름 : _____ cm

28 Ⓐ 원을 자른 도형에서 굽은 선의 길이를 구해요

원을 반으로 자른 도형에서 굽은 선의 길이는 원주의 절반이고,

원을 똑같이 네 조각으로 나눈 도형에서 굽은 선의 길이는 원주의 $\frac{1}{4}$입니다.

 원을 절반으로 나누었으니까 굽은 선의 길이도 원주의 절반이야!

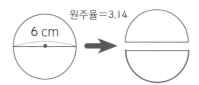

원주율=3.14

(굽은 선의 길이)=6×3.14÷2
=9.42 (cm)

 원을 네 조각으로 똑같이 나누었으니까 굽은 선의 길이도 원주의 $\frac{1}{4}$이야!

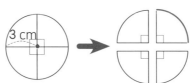

(굽은 선의 길이)=3×2×3.14÷4
=4.71 (cm)

🔔 빨간색 선의 길이를 구하세요. (원주율 : 3.14)

01

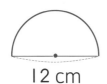

12 cm

➡ _____ cm

02

7 cm

➡ _____ cm

03

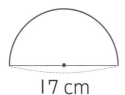

17 cm

➡ _____ cm

04

8 cm

➡ _____ cm

05

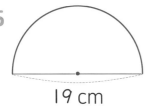

19 cm

➡ _____ cm

06

11.5 cm

➡ _____ cm

곧은 선의 길이를 구하는
것도 잊으면 안 돼!

🐰 도형의 둘레를 구하세요. (원주율 : 3.14)

01

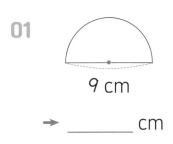

9 cm

➡ _____ cm

02

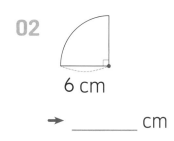

6 cm

➡ _____ cm

03

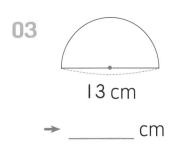

13 cm

➡ _____ cm

04

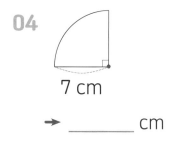

7 cm

➡ _____ cm

05

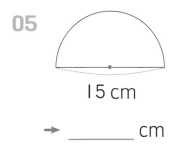

15 cm

➡ _____ cm

06

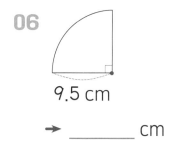

9.5 cm

➡ _____ cm

07

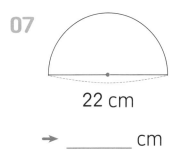

22 cm

➡ _____ cm

08

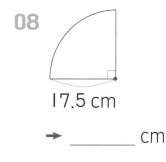

17.5 cm

➡ _____ cm

09

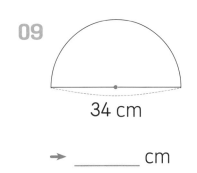

34 cm

➡ _____ cm

10

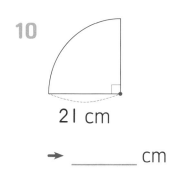

21 cm

➡ _____ cm

🔔 도형의 둘레를 구하세요. (원주율 : 3.1)

01
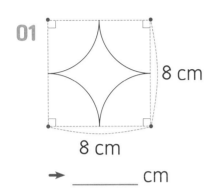
8 cm
8 cm
➡ _____ cm

02
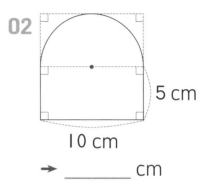
5 cm
10 cm
➡ _____ cm

03
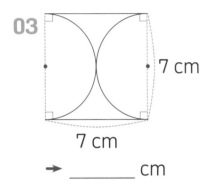
7 cm
7 cm
➡ _____ cm

04
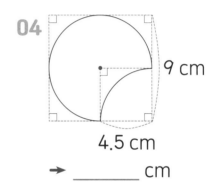
9 cm
4.5 cm
➡ _____ cm

05
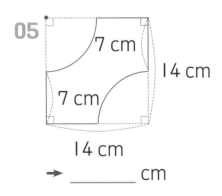
7 cm
7 cm
14 cm
14 cm
➡ _____ cm

06
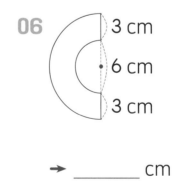
3 cm
6 cm
3 cm
➡ _____ cm

07
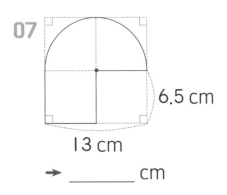
6.5 cm
13 cm
➡ _____ cm

08
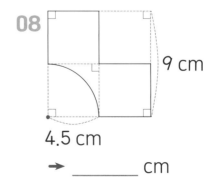
9 cm
4.5 cm
➡ _____ cm

💡 도형의 둘레를 구하세요. (원주율 : 3.14)

01

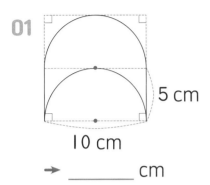

5 cm

10 cm

→ _____ cm

02

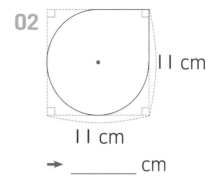

11 cm

11 cm

→ _____ cm

4
PART

03

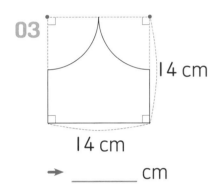

14 cm

14 cm

→ _____ cm

04

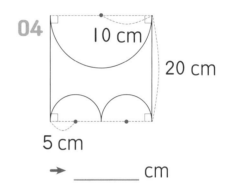

10 cm

20 cm

5 cm

→ _____ cm

05

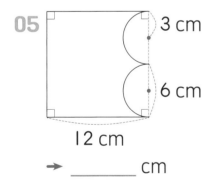

3 cm

6 cm

12 cm

→ _____ cm

06

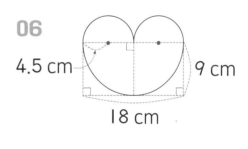

4.5 cm

9 cm

18 cm

→ _____ cm

07

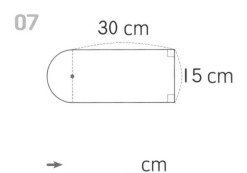

30 cm

15 cm

→ _____ cm

08

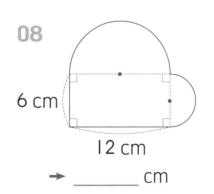

6 cm

12 cm

→ _____ cm

원주를 구하세요. (원주율 : 3.1)

01
6 cm

_____ cm

02
5.5 cm

_____ cm

03
8 cm

_____ cm

04
19 cm

_____ cm

05
13.5 cm

_____ cm

06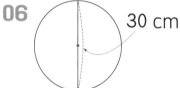
30 cm

_____ cm

07
34 cm

_____ cm

08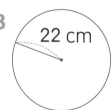
22 cm

_____ cm

09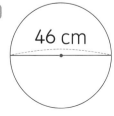
46 cm

_____ cm

10
27.5 cm

_____ cm

🐣 원 안의 수는 원주입니다. 지름, 반지름을 구하세요. (원주율 : 3.14)

01

9.42 cm

지름 : _____ cm

02

28.26 cm

반지름 : _____ cm

03

56.52 cm

지름 : _____ cm

04

65.94 cm

반지름 : _____ cm

05

75.36 cm

지름 : _____ cm

06

78.5 cm

반지름 : _____ cm

07

97.34 cm

지름 : _____ cm

08

103.62 cm

반지름 : _____ cm

09

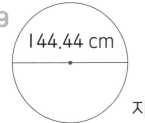

144.44 cm

지름 : _____ cm

10

163.28 cm

반지름 : _____ cm

🐰 원 모양의 호수가 있습니다. 주어진 바퀴 수만큼 호수의 둘레를 따라 걸었을 때 몇 m 걷는지 구하세요. (원주율 : 3)

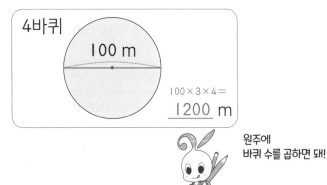

4바퀴
100 m

$100 \times 3 \times 4 =$ __1200__ m

원주에
바퀴 수를 곱하면 돼!

01 2바퀴
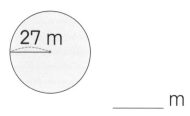
27 m

_____ m

02 4바퀴

64 m

_____ m

03 3바퀴
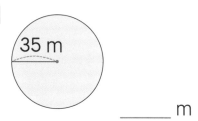
35 m

_____ m

04 4바퀴
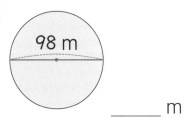
98 m

_____ m

05 2바퀴

53 m

_____ m

06 2바퀴
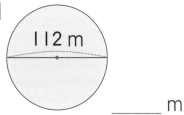
112 m

_____ m

07 3바퀴

57.5 m

_____ m

08 5바퀴

126 m

_____ m

09 3바퀴
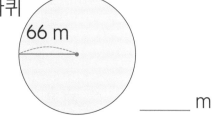
66 m

_____ m

🐰 철사를 겹치지 않게 붙여 원을 만들었습니다. 원의 지름을 구하세요. (원주율 : 3.1)

01

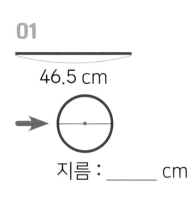

46.5 cm

지름 : _____ cm

02

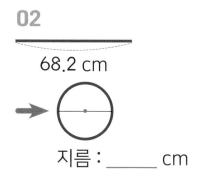

68.2 cm

지름 : _____ cm

03

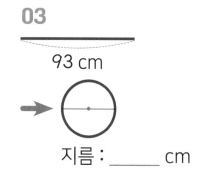

93 cm

지름 : _____ cm

철사의 길이는
원주와 같아!

04 108.5 cm — 지름 : _____ cm   **05** 117.8 cm — 지름 : _____ cm   **06** 130.2 cm — 지름 : _____ cm

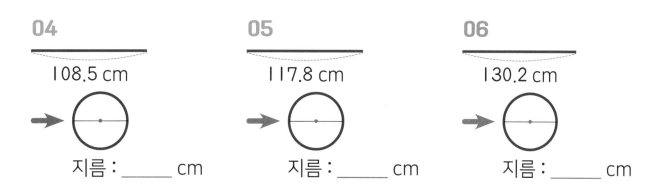

07 151.9 cm — 지름 : _____ cm   **08** 167.4 cm — 지름 : _____ cm   **09** 210.8 cm — 지름 : _____ cm

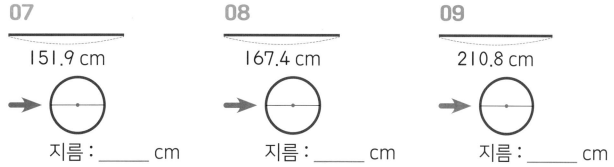

30 Ⓐ 원의 넓이는 원주율×반지름×반지름

원을 한없이 잘라서 이어 붙이면 직사각형에 가까워집니다. 이를 이용해서 원의 넓이를 다음과 같이 구할 수 있습니다.

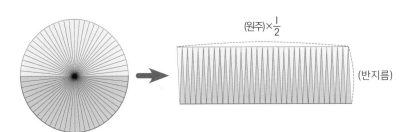

(원의 넓이) = (원주) × $\frac{1}{2}$ × (반지름)

= (원주율) × (지름) × $\frac{1}{2}$ × (반지름)

= (원주율) × 반지름 × (반지름)

 문제에서 지름이 주어져 있으면 2로 나누어 반지름을 먼저 구해야 해!

□ 안에 알맞은 수를 써넣어 원의 넓이를 구하세요. (원주율 : 3.1)

01

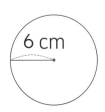 6 cm

□ × □ × 3.1 = □ (cm²)

02

8 cm

□ × □ × 3.1 = □ (cm²)

03

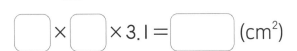 9 cm

□ × □ × 3.1 = □ (cm²)

04

 11 cm

□ × □ × 3.1 = □ (cm²)

□ 안에 알맞은 수를 써넣어 원의 넓이를 구하세요. (원주율 : 3.14)

설마 □ 안에
지름을 써넣는건 아니겠지?

01

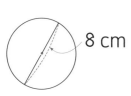

8 cm

□ × □ × 3.14 = □ (cm²)

02

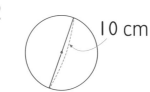

10 cm

□ × □ × 3.14 = □ (cm²)

03

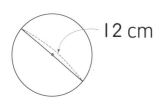

12 cm

□ × □ × 3.14 = □ (cm²)

04

16 cm

□ × □ × 3.14 = □ (cm²)

05

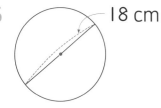

18 cm

□ × □ × 3.14 = □ (cm²)

06

22 cm

□ × □ × 3.14 = □ (cm²)

07

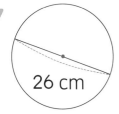

26 cm

□ × □ × 3.14 = □ (cm²)

08

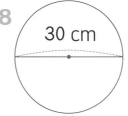

30 cm

□ × □ × 3.14 = □ (cm²)

30 Ⓑ 반지름이 주어졌는지, 지름이 주어졌는지 먼저 확인해요

🐾 원의 넓이를 구하세요. (원주율 : 3.1)

01

2 cm

_____ cm²

02

4 cm

_____ cm²

03

7 cm

_____ cm²

04

10 cm

_____ cm²

05

11 cm

_____ cm²

06

13 cm

_____ cm²

07

16 cm

_____ cm²

08

18 cm

_____ cm²

09

21 cm

_____ cm²

10

22 cm

_____ cm²

🐌 원의 넓이를 구하세요. (원주율 : 3.14)

01

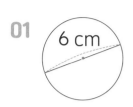
6 cm

_____ cm²

02

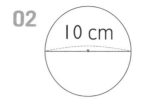
10 cm

_____ cm²

03

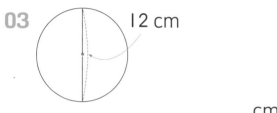
12 cm

_____ cm²

04

18 cm

_____ cm²

05

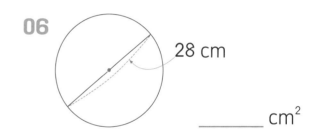
24 cm

_____ cm²

06

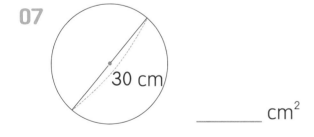
28 cm

_____ cm²

07

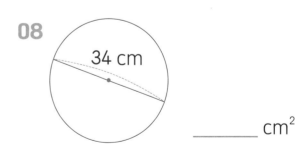
30 cm

_____ cm²

08

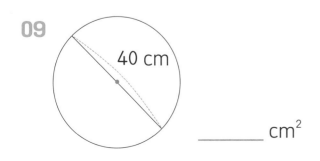
34 cm

_____ cm²

09

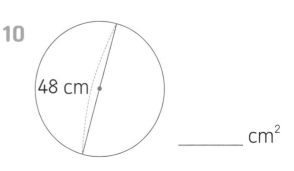
40 cm

_____ cm²

10

48 cm

_____ cm²

31 Ⓐ 원을 변형한 도형의 넓이를 구해요

원을 반으로 자른 도형의 넓이는 원의 넓이의 절반이고,

원을 똑같이 네 조각으로 나눈 도형의 넓이는 원의 넓이의 $\frac{1}{4}$입니다.

 원을 절반으로 나누었으니까
도형의 넓이도 원의 넓이의 절반이야!

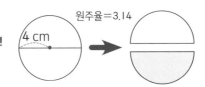

(도형의 넓이)=4×4×3.14÷2
=25.12 (cm²)

 원을 네 조각으로 똑같이 나누었으니까
도형의 넓이도 원의 넓이의 $\frac{1}{4}$이야!

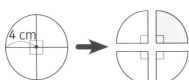

(도형의 넓이)=4×4×3.14÷4
=12.56 (cm²)

🧐 도형의 넓이를 구하세요. (원주율 : 3.14)

01

12 cm

➡ _____ cm²

02

7 cm

➡ _____ cm²

03

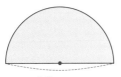

18 cm

➡ _____ cm²

04

10 cm

➡ _____ cm²

05

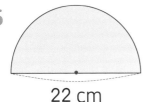

22 cm

➡ _____ cm²

06

13 cm

➡ _____ cm²

색칠한 부분의 넓이를 구할 때 원의 넓이, 또는 원을 자른 도형의 넓이를 빼야 하는 경우도 있습니다.

원주율=3.14

(색칠한 부분의 넓이)=(6×6)−(3×3×3.14)
　　　　　　　　　　　=7.74 (cm²)

(색칠한 부분의 넓이)=(4×4)−(4×4×3.14÷4)
　　　　　　　　　　　=3.44 (cm²)

4 PART

색칠한 부분의 넓이를 구하세요. (원주율 : 3.14)

01
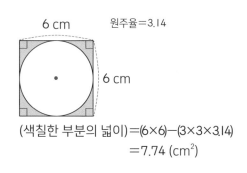

8 cm

8 cm

→ _____ cm²

02
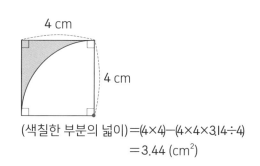

12 cm

12 cm

→ _____ cm²

03
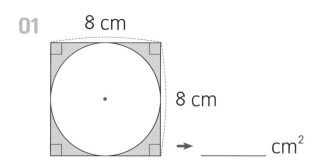

14 cm

7 cm

→ _____ cm²

04
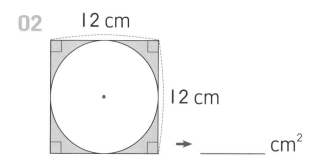

16 cm

8 cm

→ _____ cm²

05
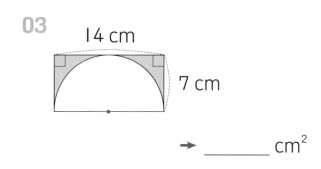

11 cm

11 cm

→ _____ cm²

06
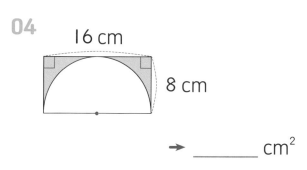

14 cm

14 cm

→ _____ cm²

31 Ⓑ 원을 변형한 도형의 넓이를 구해요

색칠한 부분의 넓이를 구하세요. (원주율 : 3.1)

01
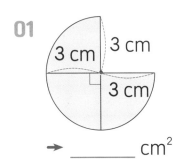
3 cm 3 cm
3 cm
3 cm
➡ _____ cm²

02
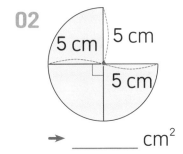
5 cm 5 cm
5 cm
5 cm
➡ _____ cm²

03
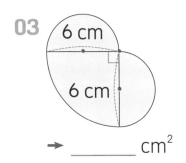
6 cm
6 cm
➡ _____ cm²

04
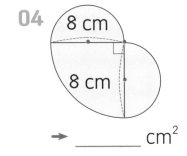
8 cm
8 cm
➡ _____ cm²

05
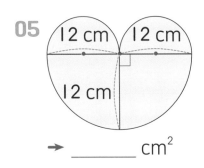
12 cm 12 cm
12 cm
➡ _____ cm²

06
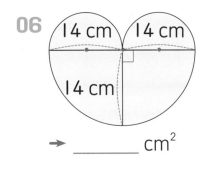
14 cm 14 cm
14 cm
➡ _____ cm²

07
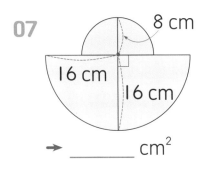
8 cm
16 cm
16 cm
➡ _____ cm²

08
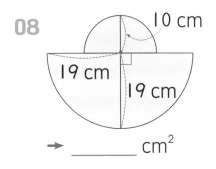
10 cm
19 cm
19 cm
➡ _____ cm²

🌱 색칠한 부분의 넓이를 구하세요. (원주율 : 3.14)

01
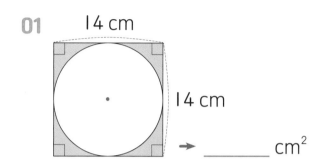

14 cm

14 cm

➡ _____ cm²

02
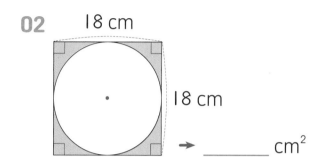

18 cm

18 cm

➡ _____ cm²

03
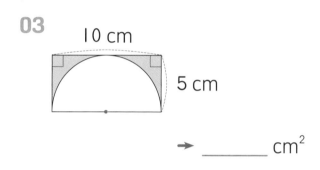

10 cm

5 cm

➡ _____ cm²

04
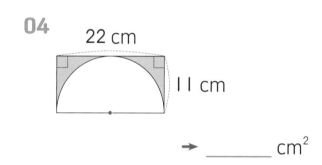

22 cm

11 cm

➡ _____ cm²

05
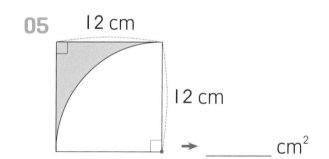

12 cm

12 cm

➡ _____ cm²

06
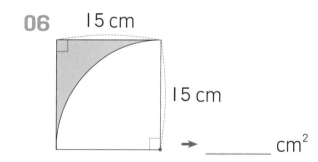

15 cm

15 cm

➡ _____ cm²

07
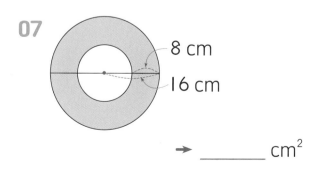

8 cm

16 cm

➡ _____ cm²

08
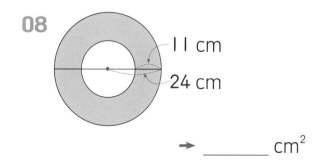

11 cm

24 cm

➡ _____ cm²

원의 넓이를 구하세요. (원주율 : 3.1)

01
4 cm

_____ cm²

02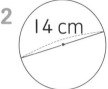
14 cm

_____ cm²

03
22 cm

_____ cm²

04
13 cm

_____ cm²

05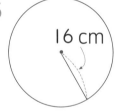
16 cm

_____ cm²

06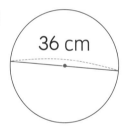
36 cm

_____ cm²

07
40 cm

_____ cm²

08
22 cm

_____ cm²

09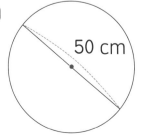
50 cm

_____ cm²

10
28 cm

_____ cm²

🔔 원의 넓이를 구하세요. (원주율 : 3.14)

01

12 cm

_____ cm²

02

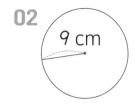

9 cm

_____ cm²

03

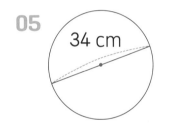

12 cm

_____ cm²

04

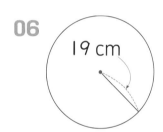

28 cm

_____ cm²

05

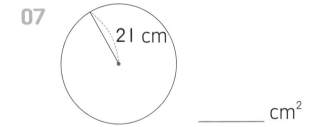

34 cm

_____ cm²

06

19 cm

_____ cm²

07

21 cm

_____ cm²

08

48 cm

_____ cm²

09

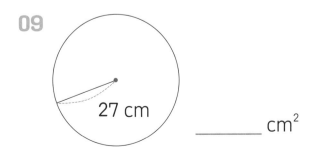

27 cm

_____ cm²

10

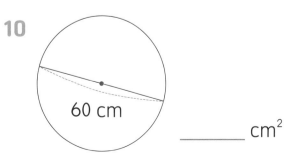

60 cm

_____ cm²

4
PART

01 원의 지름과 원주를 각각 구하세요. (원주율 : 3.14)

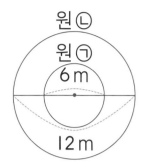

원 ⓛ
원 ㉠
6 m
12 m

원	지름(m)	원주(m)
㉠		
ⓛ		

02 가람이는 피자의 원주와 지름을 재었습니다. (원주)÷(지름)을 반올림하여 주어진 자리까지 나타내세요.

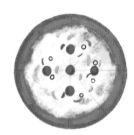

원주 : 125.67 cm   지름 : 40 cm

반올림하여 소수 첫째 자리까지 : _____
반올림하여 소수 둘째 자리까지 : _____

03 500원짜리 동전의 지름은 약 2.6 cm입니다. 500원짜리 동전을 같은 방향으로 1000번 굴렸을 때 움직인 거리를 구하세요. (원주율 : 3)

_____ cm

04 민수와 지나가 가진 접시는 모두 원 모양이고, 민수가 가진 접시의 지름은 20 cm, 지나가 가진 접시의 둘레는 55.8 cm입니다. 누구 접시의 둘레가 몇 cm 더 긴가요? (원주율 : 3.1)

 지름 : 20 cm
민수

 둘레 : 55.8 cm
지나

_____의 접시가 _____ cm 더 길다.

05 반지름이 12 cm인 원 모양의 과자가 있습니다. 과자의 넓이를 구하세요. (원주율 : 3.14)

_____ cm²

4
PART

06 색칠한 부분의 넓이를 구하세요. (원주율 : 3.14)

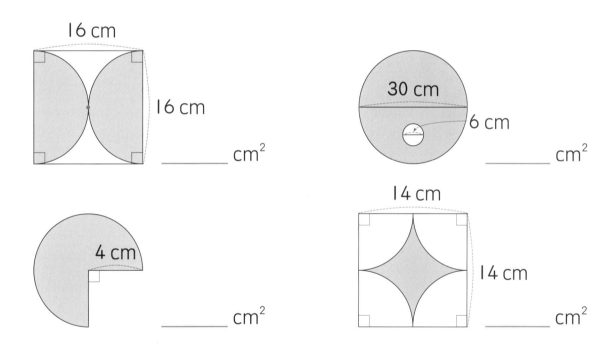

_____ cm²

_____ cm²

_____ cm²

_____ cm²

07 직사각형 모양의 종이를 잘라 만들 수 있는 가장 큰 원의 넓이를 구하세요. (원주율 : 3.14)

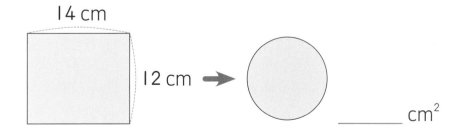

_____ cm²

Quiz Quiz 동전 굴리기

100원짜리 동전 두 개를 나란히 놓았는데, 오른쪽 동전은 풀로 고정했습니다. 왼쪽 동전을 오른쪽 동전을 따라 굴려서 오른쪽 동전의 오른쪽으로 오게 한다면, 동전 속의 100이라는 수가 어떻게 보일지 동전 안에 써보세요.

동전을 이용해서 직접 실험해 보고,
생각대로 모양이 나오는지 확인해 보자~

PART 1. 분수의 나눗셈

01A ▶ 10쪽

01 2	02 9	03 7
04 8	05 4	06 11
07 13	08 20	09 16
10 18	11 15	12 24
13 19	14 25	15 14

▶ 11쪽

01 6	02 24	03 10
04 54	05 21	06 42
07 40	08 30	09 36
10 54	11 45	12 44
13 34	14 39	15 56
16 36	17 35	18 56
19 80	20 27	21 35
22 20	23 48	24 16

01B ▶ 12쪽

01 8, 2, 4	02 6, 3, 2
03 10, 2, 5	04 9, 3, 3
05 15, 5, 3	06 16, 4, 4
07 18, 3, 6	08 21, 7, 3

▶ 13쪽

01 2	02 3	03 4
04 5	05 3	06 2
07 4	08 7	09 6
10 $2\frac{3}{5}$	11 $1\frac{2}{3}$	12 $\frac{3}{4}$
13 $\frac{5}{7}$	14 $\frac{11}{17}$	15 $2\frac{1}{2}$
16 $2\frac{5}{7}$	17 $\frac{7}{11}$	18 $5\frac{1}{2}$
19 $4\frac{2}{5}$	20 $1\frac{2}{3}$	21 $3\frac{1}{5}$

02A ▶ 14쪽

01 $42, \frac{5}{6}, 42, 5, 8\frac{2}{5}$	02 $16, \frac{21}{56}, 16, 21, \frac{16}{21}$
03 $20, \frac{27}{36}, 20, 27, \frac{20}{27}$	04 $12, \frac{25}{40}, 12, 25, \frac{12}{25}$
05 $15, \frac{28}{48}, 15, 28, \frac{15}{28}$	06 $55, \frac{10}{11}, 55, 10, 5\frac{1}{2}$

▶ 15쪽

01 $40, 18, 2\frac{2}{9}$

02 $6, 9, \frac{2}{3}$　　03 $11, 9, 1\frac{2}{9}$

04 $5, 2, 2\frac{1}{2}$	05 $3, 12, \frac{1}{4}$
06 3, 1, 3	07 80, 5, 16
08 $15, 2, 7\frac{1}{2}$	09 $9, 10, \frac{9}{10}$
10 $35, 18, 1\frac{17}{18}$	11 $7, 6, 1\frac{1}{6}$
12 $36, 35, 1\frac{1}{35}$	13 $28, 3, 9\frac{1}{3}$
14 $11, 12, \frac{11}{12}$	15 36, 2, 18

02B ▶ 16쪽

01 $5, 5, 15, 2, 7\frac{1}{2}$

02 $24, 24, 9, 10, \frac{9}{10}$

03 $18, 18, 4, 15, \frac{4}{15}$

04 $8, 8, 40, 5, 8$

05 $28, 28, 10, 21, \frac{10}{21}$

06 $30, 30, 27, 16, 1\frac{11}{16}$

▶ 17쪽

01 $16, 35, \frac{16}{35}$

02 $5, 6, \frac{5}{6}$	03 $5, 4, 1\frac{1}{4}$
04 $7, 4, 1\frac{3}{4}$	05 $20, 9, 2\frac{2}{9}$
06 $27, 8, 3\frac{3}{8}$	07 $25, 28, \frac{25}{28}$
08 10, 5, 2	09 $28, 33, \frac{28}{33}$
10 $16, 9, 1\frac{7}{9}$	11 $4, 9, \frac{4}{9}$
12 $5, 3, 1\frac{2}{3}$	13 $15, 18, \frac{5}{6}$
14 $27, 22, 1\frac{5}{22}$	15 $5, 8, \frac{5}{8}$

03A ▶ 18쪽

01 $\frac{10}{11}, \frac{6}{5}, 1\frac{1}{11}$	02 $\frac{3}{8}, \frac{20}{9}, \frac{5}{6}$
03 $\frac{11}{14}, \frac{21}{8}, 2\frac{1}{16}$	04 $\frac{5}{12}, \frac{16}{5}, 1\frac{1}{3}$
05 $4, \frac{6}{5}, 4\frac{4}{5}$	06 $8, \frac{19}{16}, 9\frac{1}{2}$
07 $7, \frac{10}{3}, 23\frac{1}{3}$	08 $12, \frac{5}{4}, 15$

▶ 19쪽

01 $16\frac{1}{2}$	02 $2\frac{5}{8}$	03 $\frac{11}{12}$
04 $\frac{7}{10}$	05 $\frac{7}{8}$	06 15
07 $16\frac{9}{10}$	08 $\frac{63}{64}$	09 $1\frac{1}{5}$
10 $\frac{21}{32}$	11 16	12 $\frac{10}{11}$
13 $\frac{16}{91}$	14 14	15 $1\frac{11}{25}$
16 $3\frac{1}{9}$	17 $1\frac{1}{48}$	18 $\frac{143}{162}$
19 $16\frac{1}{2}$	20 $2\frac{14}{15}$	21 $\frac{13}{40}$

03B ▶ 20쪽

01 $\frac{12}{25}$	02 $3\frac{3}{7}$	03 $4\frac{1}{5}$
04 $\frac{25}{51}$	05 $\frac{32}{45}$	06 $\frac{66}{133}$
07 $\frac{4}{7}$	08 $\frac{25}{48}$	09 $1\frac{1}{2}$
10 $\frac{9}{22}$	11 $1\frac{23}{121}$	12 $\frac{9}{52}$
13 $1\frac{1}{6}$	14 $\frac{11}{15}$	15 $1\frac{5}{9}$
16 $\frac{6}{25}$	17 $\frac{1}{3}$	18 $\frac{5}{14}$
19 $1\frac{41}{55}$	20 $1\frac{11}{17}$	21 $2\frac{1}{10}$

▶ 21쪽

01 $3\frac{21}{38}$	02 $1\frac{1}{3}$
03 $1\frac{3}{13}$	04 $\frac{1}{6}$　　05 $\frac{30}{49}$
06 $\frac{1}{17}$	07 $\frac{42}{121}$　　08 $\frac{21}{26}$
09 $2\frac{6}{13}$	10 $\frac{4}{15}$　　11 $1\frac{23}{28}$

04A ▶ 22쪽

01 $2\frac{3}{16}$	02 $1\frac{7}{8}$	03 $2\frac{1}{3}$
04 $1\frac{17}{18}$	05 $2\frac{1}{10}$	06 $2\frac{1}{2}$
07 $\frac{14}{15}$	08 $1\frac{2}{13}$	09 $7\frac{1}{2}$
10 $\frac{27}{28}$	11 48	12 $\frac{7}{9}$
13 $1\frac{1}{24}$	14 $2\frac{14}{15}$	15 $\frac{24}{25}$

05 49.7   06 33.9
07 46.15   08 33.975

▶ 127쪽

01 41.4   02 36.905
03 49.98   04 102.8
05 54.84   06 56.52
07 98.55   08 46.26

29A ▶ 128쪽

01 18.6   02 34.1
03 49.6   04 58.9
05 83.7   06 93
07 105.4   08 136.4
09 142.6   10 170.5

▶ 129쪽

01 3   02 4.5
03 18   04 10.5
05 24   06 12.5
07 31   08 16.5
09 46   10 26

29B ▶ 130쪽

   01 324
02 768   03 630
04 1176   05 636
06 672   07 1035
08 1890   09 1188

▶ 131쪽

01 15   02 22   03 30
04 35   05 38   06 42
07 49   08 54   09 68

30A ▶ 132쪽

01 6, 6, 111.6   02 8, 8, 198.4
03 9, 9, 251.1   04 11, 11, 375.1

▶ 133쪽

01 4, 4, 50.24   02 5, 5, 78.5
03 6, 6, 113.04   04 8, 8, 200.96
05 9, 9, 254.34   06 11, 11, 379.94
07 13, 13, 530.66   08 15, 15, 706.5

30B ▶ 134쪽

01 12.4   02 49.6
03 151.9   04 310

05 375.1   06 523.9
07 793.6   08 1004.4
09 1367.1   10 1500.4

▶ 135쪽

01 28.26   02 78.5
03 113.04   04 254.34
05 452.16   06 615.44
07 706.5   08 907.46
09 1256   10 1808.64

31A ▶ 136쪽

01 56.52   02 38.465
03 127.17   04 78.5
05 189.97   06 132.665

▶ 137쪽

01 13.76   02 30.96
03 21.07   04 27.52
05 26.015   06 42.14

31B ▶ 138쪽

01 20.925   02 58.125
03 55.8   04 99.2
05 334.8   06 445.7
07 496   08 714.55

▶ 139쪽

01 42.14   02 69.66
03 10.75   04 52.03
05 30.96   06 48.375
07 602.88   08 1277.98

32A ▶ 140쪽

01 49.6   02 151.9
03 375.1   04 523.9
05 793.6   06 1004.4
07 1240   08 1500.4
09 1937.5   10 2430.4

▶ 141쪽

01 113.04   02 254.34
03 452.16   04 615.44
05 907.46   06 1133.54
07 1384.74   08 1808.64
09 2289.06   10 2826

교과에선 이런 문제를 다루어요 ▶ 142쪽

01 6, 18.84
   12, 37.68
02 3.1, 3.14
03 7800
04 민수, 6.2
05 452.16
06 200.96, 678.24
   37.68, 42.14
07 113.04
직사각형을 잘라 만들 수 있는 가장 큰 원의 지름은 12 cm입니다. 지름이 12 cm인 원의 반지름은 6 cm이므로 원주율이 3.14일 때, 원의 넓이는 6×6×3.14=113.04(cm²)입니다.

Quiz Quiz ▶ 144쪽

먼저 동전을 $\frac{1}{4}$바퀴만 굴리는 경우를 생각해 봅시다. 왼쪽 동전, 오른쪽 동전 모두 맞닿는 부분이 빨간색 길이만큼 이동하기 때문에, $\frac{1}{4}$바퀴 돌았을 때 아래와 같이 왼쪽 동전이 180° 회전한 모양을 하게 됩니다.

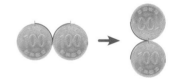

다시 $\frac{1}{4}$바퀴 더 돈다면 처음에 왼쪽에 있던 동전이 고정한 동전의 오른쪽에 있게 되고, 180° 더 회전해서 처음 모양이 됩니다.

▶ 71쪽

01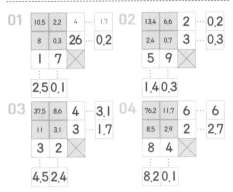

2.5 0.1

02

1.4 0.3

03

4.5 2.4

04

8.2 0.1

16A
▶ 72쪽

01 0.61 **02** 1.32 **03** 63 **04** 6.43
05 1.3 **06** 10.37 **07** 21 **08** 5.275
09 3.4 **10** 16.74 **11** 4.38 **12** 5.45
13 2.31 **14** 2.1 **15** 14.41 **16** 5.36

▶ 73쪽

01 0.58 **02** 1.93 **03** 5.43 **04** 6.84
05 3.28 **06** 10.27 **07** 1.45 **08** 4.56
09 2.77 **10** 7.04 **11** 6.2 **12** 4.35
13 25 **14** 0.89 **15** 3.77 **16** 20.54

교과에선 이런 문제를 다루어요
▶ 74쪽

01 10, 10, 9, 9   100, 100, 32, 32
02 8, 15, 6 ; 0.6, 5, 3
03 435, 435, 435, 87, 87
04 10, 25, 3.7
05 1.8, 1.3, 2.7
06 3.5, 4, 3.5
07 2.9, 0.6, 1.7

Quiz Quiz
▶ 76쪽

대사에 나와있는 설명을 이어서 생각하면,
1000으로 나누어떨어지는 수는 8로도 나
누어 떨어지고, 10000으로 나누어떨어지
는 수는 16으로 나누어떨어지며, 100000
으로 나누어떨어지는 수는 32로도 나누어
떨어집니다.
숫자 0이 5개 있는 수 중에서 가장 작은 수
는 100000이기 때문에 숫자 0이 5개 있는
자연수 중에서 32로 나누어 떨어지는 가장
작은 수는 100000입니다.

PART 3. 비례식과 비례배분

17A
▶ 78쪽

01 12, 9
3
02 10, 14
2
03 3, 7
3
04 36, 8
4
05 4, 3
4
06 2, 5
5

▶ 79쪽

                    01 3, 18, 21
02 4, 4, 2   **03** 2, 18, 10
04 4, 24, 52   **05** 3, 3, 2
06 7, 1, 2   **07** 3, 24, 9
08 2, 8, 7   **09** 2, 14, 18
10 3, 7, 5   **11** 5, 15, 40
12 4, 48, 28   **13** 2, 4, 3

17B
▶ 80쪽

01 3, 3, 4, 3
02 6, 6, 1, 3
03 4, 4, 5, 4
04 4, 4, 9, 7
05 15, 15, 2, 1
06 8, 8, 7, 5
07 9, 9, 3, 8
08 6, 6, 4, 7

▶ 81쪽

01 9, 2 **02** 5, 4 **03** 1, 4
04 4, 7 **05** 2, 3 **06** 2, 3
07 3, 11 **08** 24, 11 **09** 4, 9
10 3, 5 **11** 8, 13 **12** 8, 7
13 3, 2 **14** 4, 11 **15** 7, 9
16 5, 2 **17** 16, 21 **18** 4, 3
19 4, 5 **20** 3, 13 **21** 7, 5

18A
▶ 82쪽

01 10, 10, 9, 6, 3, 2
02 10, 10, 16, 44, 4, 11
03 100, 100, 560, 88, 70, 11
04 100, 100, 35, 150, 7, 30
05 10, 10, 54, 36, 3, 2
06 100, 100, 28, 112, 1, 4

▶ 83쪽

01 15, 15, 12, 10, 6, 5
02 24, 24, 15, 20, 3, 4
03 14, 14, 9, 12, 3, 4

04 10, 10, 3, 2, 3, 2
05 48, 48, 20, 21, 20, 21

18B
▶ 84쪽

01 $\frac{2}{5}$, 40, $\frac{2}{5}$, 40, 5, 16, 5, 16

02 $\frac{7}{10}$, $\frac{7}{10}$, 30, 30, 21, 25, 21, 25

03 0.24, 0.24, 100, 100, 24, 30, 4, 5

▶ 85쪽

01 $\frac{4}{5}$, 45, $\frac{4}{5}$, 45, 25, 36, 25, 36

02 $\frac{1}{5}$, $\frac{1}{5}$, 15, 15, 3, 2, 3, 2

03 $\frac{12}{25}$, 150, $\frac{12}{25}$, 150, 125, 72, 125, 72

04 $\frac{1}{4}$, $\frac{1}{4}$, 12, 12, 3, 7, 3, 7

05 0.65, 0.65, 100, 100, 65, 30, 13, 6

06 0.74, 100, 0.74, 100, 60, 74, 30, 37

07 0.25, 0.25, 100, 100, 25, 40, 5, 8

08 0.64, 100, 0.64, 100, 80, 64, 5, 4

19A
▶ 86쪽

01 3, 2 **02** 4, 9 **03** 10, 9
04 3, 5 **05** 20, 21 **06** 9, 7
07 49, 15 **08** 11, 6 **09** 39, 16
10 26, 35 **11** 24, 25 **12** 8, 3
13 18, 5 **14** 5, 1 **15** 9, 7
16 3, 16 **17** 8, 15 **18** 4, 13
19 35, 24 **20** 4, 5 **21** 2, 7

▶ 87쪽

01 5, 6 **02** 5, 6 **03** 14, 9
04 24, 35 **05** 12, 7 **06** 7, 9
07 2, 7 **08** 14, 5 **09** 2, 5
10 35, 12 **11** 7, 11 **12** 27, 50
13 5, 8 **14** 28, 19 **15** 3, 2
16 5, 18 **17** 8, 5 **18** 24, 17
19 6, 5 **20** 6, 25 **21** 4, 7

19B
▶ 88쪽

01 13, 11 **02** 12, 19
03 48, 65 **04** 8, 9
05 55, 68 **06** 17, 12
07 54, 65 **08** 38, 27
09 65, 68 **10** 17, 19
11 55, 76 **12** 27, 34

10B ▶ 50쪽

01 1.3	02 3.4	03 370
04 1700	05 150	06 0.39
07 160	08 180	09 1.9
10 70	11 0.37	12 0.8
13 3900	14 0.16	15 2600
16 2.4	17 4.3	18 230

▶ 51쪽

01 7.925÷2.5   17.68÷3.4   11.25÷4.5   3⃝.36÷3.2

02 3.952÷1.6 △ 24.64÷5.6   42.88÷6.7   0.858÷0.22

03 6.384÷0.7   16.28÷2.2   76.54÷8.9   9.29÷1.63 △

04 5.13÷2.7   3.498÷5.3 △ 11.78÷3.8   3.85÷6.5 ⃝

05 8.722÷1.4 ⃝ 9.591÷2.3   0.924÷0.33 △ 36.57÷6.9

11A ▶ 52쪽

01 1.6	02 26	03 1.3	04 18
05 33	06 2.8	07 29	08 1.7

▶ 53쪽

01 15	02 16	03 25	04 16
05 25	06 75	07 15	08 35

11B ▶ 54쪽

01 6	02 25	03 42	04 15
05 45	06 45	07 35	08 28

▶ 55쪽

01 460	02 2.9	03 4.7	04 22
05 3.3	06 15	07 2.3	08 22
09 4.8	10 25	11 410	12 49
13 25	14 18	15 22	16 130

12A ▶ 56쪽

01 3.4	02 18	03 470	04 0.25
05 240	06 44	07 4.3	08 140
09 26	10 0.26	11 290	12 3.4
13 3.4	14 280	15 17	16 450

▶ 57쪽

01 0.7	02 340	03 29	04 230
05 45	06 140	07 280	08 3.1
09 3.9	10 410	11 3.6	12 29
13 2.4	14 110	15 350	16 39

12B ▶ 58쪽

	01 4.1	02 1.9
03 2.8	04 2.2	05 0.45
06 12	07 0.25	08 3.1
09 0.76	10 2.7	11 3.8

▶ 59쪽

01 <	02 >
03 <	04 >
05 >	06 <
07 >	08 >
09 <	10 =
11 >	12 <

13A ▶ 60쪽

01 7.6	02 9.1	03 8.2	04 1.5
05 4.7	06 5.9	07 10.9	08 3.7

▶ 61쪽

01 4.06	02 15.47	03 2.36	04 38.43
05 4.34	06 1.51	07 2.28	08 6.85

13B ▶ 62쪽

01 3.2	02 4.4	03 1.6	04 1.9
05 1.6	06 5.6	07 4.4	08 1.5
09 5.6	10 6.6	11 0.6	12 7.2
13 1.2	14 2.1	15 8.3	16 0.7

▶ 63쪽

01 4.51	02 1.21	03 1.63	04 3.23
05 0.65	06 4.44	07 1.92	08 1.62
09 0.39	10 2.11	11 4.23	12 8.32
13 4.26	14 5.63	15 1.32	16 0.79

14A ▶ 64쪽

01 식 : 9.3÷2.1=4…0.9, 답 : 4, 0.9
02 식 : 14.7÷1.6=9…0.3, 답 : 9, 0.3
03 식 : 40÷6.5=6…1, 답 : 6, 1

▶ 65쪽

01	02	03	04
4…0.4	11…2.3	10…2.9	6…0.27
05	06	07	08
2…0.65	12…0.1	3…2.6	2…0.71

14B ▶ 66쪽

01	02	03	04
9…0.7	7…0.1	9…6.5	7…3.6

05	06	07	08
5…1.5	9…3.8	6…3.9	9…2.9
09	10	11	12
4…3.6	8…0.4	6…1.7	7…1.4
13	14	15	16
4…4.4	7…2.5	3…1.3	6…2.1

▶ 67쪽

01	02	03	04
3…3.6	3…2.5	7…3.9	8…3.4
05	06	07	08
36…0.2	5…1.7	50…0.8	13…2.9
09	10	11	12
2…7.7	25…1.2	27…0.6	26…2.6
13	14	15	16
3…3.5	5…6.2	7…1	7…3.5

15A ▶ 68쪽

01 4.58	02 28.08	03 13.72	04 2.41
05 3.11	06 5.48	07 11.17	08 43.82
09 30.96	10 33.12	11 12.07	12 12.85
13 4.08	14 7.71	15 8.77	16 7.84

▶ 69쪽

01	02	03	04
9…4.8	2…0.49	7…4.3	8…5.4
05	06	07	08
8…4.4	6…6.4	7…1.9	5…2.2
09	10	11	12
2…0.98	5…2.3	1…3.26	3…1.19
13	14	15	16
3…8.5	1…2.13	9…1.5	3…2.7

15B ▶ 70쪽

01
12.4÷5.2	13.4÷6
2.38	2.23
19.5÷7.3	20.1÷8.4
2.67	2.39

02
41.5÷5.9	43.1÷6
7.03	7.18
11.8÷1.5	5.05÷0.7
7.87	7.21

03
15.1÷2.6	21.7÷4.7
5.81	4.62
36.9÷7	28.9÷6.6
5.27	4.38

04
34.8÷3.8	33.9÷4.1
9.16	8.27
38.9÷4.1	10.8÷1.1
9.49	9.82

10 $1\frac{1}{17}$ 11 $1\frac{4}{7}$ 12 $\frac{9}{260}$

13 $1\frac{43}{45}$ 14 $\frac{6}{13}$

15 $17\frac{6}{7}$ 16 $1\frac{1}{4}$

17 $\frac{23}{57}$ 18 $\frac{50}{111}$

▶ 35쪽

01 $\frac{30}{49}$ 02 $\frac{34}{35}$ 03 $7\frac{7}{11}$

04 $\frac{1}{2}$ 05 $\frac{13}{27}$ 06 $\frac{9}{19}$

07 $7\frac{5}{7}$ 08 $3\frac{19}{21}$ 09 $\frac{7}{8}$

10 $2\frac{7}{9}$ 11 $\frac{15}{248}$ 12 $\frac{24}{25}$

13 $\frac{16}{35}$ 14 $\frac{7}{12}$

15 $\frac{1}{5}$ 16 $4\frac{16}{21}$

17 $1\frac{1}{8}$ 18 5

07B   ▶ 36쪽

01 $1\frac{1}{4}, 1\frac{1}{2}$

02 $6\frac{4}{11}, 7\frac{7}{11}$ 03 $2\frac{1}{7}, 1\frac{58}{77}$

04 $\frac{21}{32}, \frac{7}{8}$ 05 $\frac{12}{91}, \frac{1}{13}$

06 $1\frac{3}{25}, 1\frac{2}{5}$ 07 $1\frac{21}{23}, 3\frac{8}{23}$

▶ 37쪽

01 ㉢
02 ㉡
03 ㉡
04 ㉢
05 ㉡
06 ㉠
07 ㉠

08A   ▶ 38쪽

01 $1\frac{7}{11}$ 02 $3\frac{23}{55}$ 03 $\frac{36}{65}$

04 $\frac{51}{230}$ 05 $2\frac{5}{8}$ 06 $\frac{19}{22}$

07 $\frac{35}{111}$ 08 $\frac{11}{69}$ 09 $1\frac{4}{9}$

10 $\frac{13}{35}$ 11 $6\frac{8}{9}$ 12 $34\frac{2}{3}$

13 $\frac{2}{7}$ 14 $9\frac{2}{7}$

15 $4\frac{1}{3}$ 16 $1\frac{1}{21}$

17 $\frac{18}{23}$ 18 $1\frac{73}{147}$

▶ 39쪽

01 $1\frac{7}{9}, \frac{20}{27}, 2\frac{2}{3}, 2\frac{5}{7}, \frac{5}{6}, 2\frac{1}{6}, 2\frac{10}{21}$

02 $\frac{21}{80}, \frac{7}{10}, \frac{147}{160}, \frac{63}{160}, \frac{9}{20}, \frac{27}{320}, \frac{9}{160}$

교과에선 이런 문제를 다루어요   ▶ 40쪽

01 $2, 5, \frac{2}{5}, \frac{2}{5}$ $\frac{7}{5}, \frac{2}{5}, \frac{2}{5}$

   $5, 2, \frac{5}{2}, 2\frac{1}{2}$ $\frac{9}{2}, \frac{5}{2}, 2\frac{1}{2}$

02 식 : $\frac{8}{11} \div \frac{6}{11} = 1\frac{1}{3}$, 답 : $1\frac{1}{3}$

03 $\frac{1}{2}, 3, \frac{2}{3}$

04 $\frac{49}{90}, \frac{5}{9}, 3\frac{1}{5}$

05 $9, \frac{10}{12}, 9, 10, \frac{9}{10}$

   $35, \frac{24}{56}, 35, 24, 1\frac{11}{24}$

06 $1\frac{5}{7}, 15, \frac{4}{11}$

07 2

08 식 : $3\frac{1}{2} \div \frac{7}{9} = 4\frac{1}{2}$, 답 : $4\frac{1}{2}$

Quiz Quiz   ▶ 42쪽

분모와 분자를 약분하여 식을 간단히 한 후에 곱셈하여 기약분수로 나타냅니다.

$$\frac{1 \times 2 \times 3 \times \cdots \times 99 \times 100}{3 \times 4 \times 5 \times \cdots \times 101 \times 102} = \frac{1 \times 2}{101 \times 102}$$
$$= \frac{1}{101 \times 51} = \frac{1}{5151}$$

PART 2. 소수의 나눗셈

09A   ▶ 44쪽

01 432, 16, 27   02 378, 21, 18

03 136, 17, 8   04 132, 11, 12

05 56, 14, 4   06 162, 18, 9

07 325, 13, 25   08 285, 15, 19

▶ 45쪽

01 336, 14, 336, 14, 24   02 525, 35, 525, 35, 1...

03 297, 27, 297, 27, 11   04 286, 13, 286, 13, 2...

05 621, 27, 621, 27, 23   06 544, 32, 544, 32, 1...

07 338, 13, 338, 13, 26   08 744, 24, 744, 24, 3...

09B   ▶ 46쪽

01 39   02 33   03 8

04 29   05 16   06 18

07 23   08 25   09 24

10 33   11 31   12 14

13 17   14 14   15 14

16 19   17 13   18 22

▶ 47쪽

01

67.5	7.5	9
4.5	1.5	3
15	5	

02

67.2	22.4	3
16.8	1.4	12
4	16	

03

16.32	2.04	8
0.68	0.17	4
24	12	

04

28.98	1.61	18
1.38	0.23	6
21	7	

05

75.6	18.9	4
25.2	2.1	12
3	9	

06

0.924	0.231	4
0.154	0.011	14
6	21	

10A   ▶ 48쪽

01 24.2, 11, 2.2   02 5060, 23, 220

03 35.1, 27, 1.3   04 21.6, 8, 2.7

05 3840, 16, 240   06 3120, 24, 130

07 2470, 19, 130   08 59.4, 33, 1.8

▶ 49쪽

01 17 / 170 / 1700   02 21 / 210 / 2100   03 32 / 320 / 3200

04 12 / 120 / 1200   05 17 / 170 / 1700   06 14 / 140 / 1400

07 9 / 90 / 900   08 27 / 270 / 2700   09 23 / 230 / 2300

10 15 / 150 / 1500   11 33 / 330 / 3300   12 27 / 270 / 2700

▶ 89쪽

01 7, 5	02 25, 18	03 3, 1
04 9, 11	05 32, 55	06 86, 51
07 8, 21	08 3, 8	09 3, 5
10 21, 8	11 15, 34	12 8, 7
13 13, 11	14 31, 25	15 16, 35

20A　▶ 90쪽

01 4 12 4	02 3 18 3	03 12 60 12
04 9 36 9	05 2 26 2	06 7 77 7
07 4 20 4	08 7 28 7	09 5 25 5

▶ 91쪽

01 30	02 12	03 33
04 20	05 144	06 35
07 39	08 28	09 54
10 63	11 36	12 130
13 32	14 35	15 24
16 $1\frac{3}{5}$	17 $4\frac{1}{12}$	18 $1\frac{3}{7}$

20B　▶ 92쪽

01 5 25 5	02 4 36 4	03 8 56 8
04 3 15 3	05 4 40 4	06 7 35 7
07 9 90 9	08 6 18 6	09 4 60 4

▶ 93쪽

01 36	02 20	03 32
04 60	05 28	06 63
07 135	08 24	09 104
10 35	11 70	12 52
13 34	14 84	15 21
16 $1\frac{3}{4}$	17 $2\frac{1}{4}$	18 $\frac{8}{15}$

21A　▶ 94쪽

	01 3.2, 3.2	02 3.6, 3.6
03 6, 6	04 32.5, 32.5	05 7.2, 7.2

06 12, 12	07 30, 30	08 6, 6

▶ 95쪽

01 8	02 21	03 8.4
04 0.8	05 27.5	06 0.16
07 9.75	08 5.25	09 12.5
10 7.5	11 9	12 21
13 25	14 22.5	15 7.8
16 3.6	17 13.5	18 10.4

21B　▶ 96쪽

01 6	02 8
03 15	04 42
05 30	06 39
07 12	08 49
09 40	10 24
11 9	12 112
13 65	14 55
15 35	16 66

▶ 97쪽

01 8	02 12
03 63	04 6
05 98	06 21
07 72	08 99
09 12	10 54
11 28	12 60
13 56	14 35
15 20	16 40

22A　▶ 98쪽

01 21	02 28	03 15
04 15	05 45	06 18
07 16	08 30	09 10
10 35	11 10	12 72
13 8	14 54	15 22
16 60	17 119	18 56

▶ 99쪽

01 96	02 51	03 44
04 10	05 8	06 24
07 40	08 66	09 25
10 36	11 63	12 12
13 33	14 24	15 9
16 42	17 182	18 72

22B　▶ 100쪽

01 $2:3=12:\square$, 18
02 $13:17=\square:85$, 65
03 $4:5=24:\square$, 30
04 $3:170=60:\square$, 3400
05 $3:4=30:\square$, 40

▶ 101쪽

01 $6:7=\square:91$, 78
02 $150:8=\square:32$, 600
03 $11:7=55:\square$, 35
04 $5:12=65:\square$, 156
05 $4:16000=13:\square$, 52000
06 $5:8=15:\square$, 24

23A　▶ 102쪽

01 $\frac{4}{4+6}$, 12 $\frac{6}{4+6}$, 18	02 $\frac{2}{2+5}$, 14 $\frac{5}{2+5}$, 35
03 $\frac{7}{7+4}$, 28 $\frac{4}{7+4}$, 16	04 $\frac{9}{9+10}$, 45 $\frac{10}{9+10}$, 50

▶ 103쪽

01 48, $\frac{7}{16}$, 21 48, $\frac{9}{16}$, 27	02 91, $\frac{3}{13}$, 21 91, $\frac{10}{13}$, 70
03 66, $\frac{8}{11}$, 48 66, $\frac{3}{11}$, 18	04 22, $\frac{5}{11}$, 10 22, $\frac{6}{11}$, 12	05 95, $\frac{12}{19}$, 60 95, $\frac{7}{19}$, 35
06 69, $\frac{15}{23}$, 45 69, $\frac{8}{23}$, 24	07 72, $\frac{7}{24}$, 21 72, $\frac{17}{24}$, 51	08 90, $\frac{5}{18}$, 25 90, $\frac{13}{18}$, 65

23B　▶ 104쪽

01 28, 21	02 8, 36	03 21, 35
04 72, 30	05 70, 154	06 130, 110
07 45, 81	08 187, 121	09 49, 21
10 208, 195	11 99, 153	12 88, 231

▶ 105쪽

01 8, 12	02 9, 24	03 78, 18
04 88, 112	05 32, 120	06 21, 112
07 45, 95	08 138, 161	09 320, 144
10 64, 60	11 98, 42	12 210, 285

24A ▶ 106쪽

01 8, 16
02 60, 45
42, 63
03 360, 144
216, 288
04 180, 150
154, 176
05 44, 154
88, 110
06 192, 224
156, 260
07 105, 126
66, 165
08 260, 208
195, 273
09 66, 121
51, 136
10 162, 378
225, 315

▶ 107쪽

01 30, 54
02 33, 18
03 70, 100
04 35, 49
05 224, 144
06 60, 44
07 184, 161
08 143, 44
09 114, 90
10 98, 322
11 252, 270
12 364, 70

24B ▶ 108쪽

01 $90 \times \dfrac{7}{7+8} = 42, 42$

02 $330 \times \dfrac{3}{3+8} = 90, 90$

03 $90 \times \dfrac{11}{11+4} = 66, 66$

04 $18000 \times \dfrac{5}{7+5} = 7500, 7500$

05 $84 \times \dfrac{13}{13+8} = 52, 52$

▶ 109쪽

01 $28 \times \dfrac{4}{3+4} = 16, 16$

02 $684 \times \dfrac{6}{6+13} = 216, 216$

03 $400 \times \dfrac{9}{7+9} = 225, 225$

04 $72 \times \dfrac{4}{4+5} = 32, 32$

05 $544 \times \dfrac{8}{8+9} = 256, 256$

06 $208 \times \dfrac{10}{3+10} = 160, 160$

25A ▶ 110쪽

01 24
02 24
03 4
04 26
05 16
06 65
07 18
08 14
09 48
10 34
11 12
12 15
13 45
14 36

15 9
16 50

▶ 111쪽

01 6, 27
02 24, 40
03 57, 247
04 30, 42
05 88, 77
06 48, 104
07 161, 46
08 36, 56
09 70, 77
10 253, 115
11 112, 64
12 252, 306

교과에선 이런 문제를 다루어요 ▶ 112쪽

01
4 : 28   (2 : 10)   9 : 54   (12 : 60)
18 : 80   24 : 60   (3 : 15)   (60 : 300)

02
28 cm
21 cm
36 cm
27 cm
30 cm
20 cm
20 cm
16 cm

03 7, 10   8, 10   3, 21

04 3, 5

05 2 : 12 = 3 : 18 (또는 2 : 3 = 12 : 18)

06 40, 35, 16
15, 34, 484

07 4 : 5000 = 12 : □, 15000

08 10

Quiz Quiz ▶ 114쪽

정확한 시계가 1분 가는 동안 가람이의 시계는 $\dfrac{59}{60}$분, 나영이의 시계는 $\dfrac{60}{59}$분만큼 갑니다. 1분에 각각 $\dfrac{1}{60}$분, $\dfrac{1}{59}$분만큼 오차가 생기는데, $\dfrac{1}{60} < \dfrac{1}{59}$이므로 가람이의 시계가 더 정확한 시계입니다.

PART 4. 원주와 원의 넓이

26A ▶ 116쪽

01 6, 18.6
02 8, 24.8
03 9, 27.9
04 10, 31

▶ 117쪽

01 4, 12.56
02 3, 18.84
03 5, 15.7
04 4, 25.12
05 9, 28.26
06 6, 37.68
07 10, 31.4
08 7, 43.96

26B ▶ 118쪽

01 24.8
02 43.4
03 55.8
04 77.5
05 89.9
06 102.3
07 111.6
08 117.8

09 127.1
10 142.6

▶ 119쪽

01 21.98
02 40.82
03 47.1
04 59.66
05 69.08
06 75.36
07 97.34
08 116.18
09 135.02
10 150.72

27A ▶ 120쪽

01 3.1, 4
02 3.1, 9
03 3.1, 11
04 3.1, 16
05 3.1, 26
06 3.1, 32

▶ 121쪽

01 3.14, 5
02 3.14, 7
03 3.14, 10.5
04 3.14, 14
05 3.14, 17
06 3.14, 23.5

27B ▶ 122쪽

01 6
02 7.5
03 21
04 12
05 28
06 16.5
07 36
08 20
09 41
10 22.5

▶ 123쪽

01 11
02 7
03 23
04 13
05 34
06 20.5
07 47
08 24
09 50
10 28

28A ▶ 124쪽

01 18.84
02 10.99
03 26.69
04 12.56
05 29.83
06 18.055

▶ 125쪽

01 23.13
02 21.42
03 33.41
04 24.99
05 38.55
06 33.915
07 56.54
08 62.475
09 87.38
10 74.97

28B ▶ 126쪽

01 24.8
02 35.5
03 35.7
04 27.9

16. $32\frac{1}{2}$ 17. $\frac{4}{11}$ 18. $\frac{3}{4}$

19. $1\frac{7}{48}$ 20. $14\frac{2}{5}$ 21. $3\frac{3}{10}$

▶ 23쪽

01. $2\frac{7}{9}$ 02. $10\frac{1}{2}$ 03. $1\frac{11}{24}$

04. $4\frac{2}{5}$ 05. 3 06. $\frac{3}{4}$

07. $\frac{3}{4}$ 08. $\frac{1}{2}$ 09. $3\frac{1}{5}$

10. $13\frac{1}{5}$ 11. $7\frac{1}{2}$ 12. $1\frac{1}{2}$

13. $\frac{4}{21}$ 14. $2\frac{1}{3}$ 15. 9

16. $\frac{9}{13}$ 17. 27 18. $\frac{1}{4}$

19. $1\frac{2}{11}$ 20. $\frac{2}{3}$ 21. $2\frac{2}{7}$

04B ▶ 24쪽

01.

$\frac{8}{15}$	$\frac{3}{5}$	$\frac{8}{9}$
$\frac{7}{10}$	$\frac{4}{5}$	$\frac{7}{8}$
$\frac{16}{21}$	$\frac{3}{4}$	✕

02.

$\frac{7}{12}$	$\frac{5}{9}$	$1\frac{1}{20}$
$\frac{1}{4}$	$\frac{5}{6}$	$\frac{3}{10}$
$2\frac{1}{3}$	$\frac{2}{3}$	✕

03.

3	$\frac{3}{4}$	4
$\frac{7}{12}$	$\frac{5}{8}$	$\frac{14}{15}$
$5\frac{1}{7}$	$1\frac{1}{5}$	✕

04.

$\frac{3}{8}$	$\frac{5}{12}$	$\frac{9}{10}$
$\frac{5}{6}$	$\frac{1}{2}$	$1\frac{2}{3}$
$\frac{9}{20}$	$\frac{5}{6}$	✕

05.

$\frac{6}{7}$	6	$\frac{1}{7}$
$\frac{13}{14}$	$\frac{9}{10}$	$1\frac{2}{63}$
$\frac{12}{13}$	$6\frac{2}{3}$	✕

06.

15	$\frac{5}{11}$	33
$\frac{9}{14}$	$\frac{5}{7}$	$\frac{9}{10}$
$23\frac{1}{3}$	$\frac{7}{11}$	✕

▶ 25쪽

01. $1\frac{1}{4}$; $\frac{4}{5}$ 02. $1\frac{3}{7}$; $\frac{7}{10}$

03. $1\frac{17}{55}$; $\frac{55}{72}$ 04. $1\frac{1}{6}$; $\frac{6}{7}$ 05. $1\frac{1}{2}$; $\frac{2}{3}$

06. $1\frac{3}{32}$; $\frac{32}{35}$ 07. $2\frac{1}{4}$; $\frac{4}{9}$ 08. $1\frac{2}{9}$; $\frac{9}{11}$

05A ▶ 26쪽

01. $\frac{11}{6}$, $\frac{11}{6}$, $\frac{4}{3}$, $2\frac{4}{9}$ 02. $\frac{5}{3}$, $\frac{4}{9}$, $\frac{3}{5}$, $\frac{4}{15}$

03. $\frac{12}{5}$, $\frac{12}{5}$, $\frac{7}{4}$, $4\frac{1}{5}$ 04. $\frac{23}{12}$, $\frac{2}{9}$, $\frac{12}{23}$, $\frac{8}{69}$

05. $\frac{18}{13}$, $\frac{18}{13}$, $\frac{8}{3}$, $3\frac{9}{13}$ 06. $\frac{26}{9}$, $\frac{8}{15}$, $\frac{9}{26}$, $\frac{12}{65}$

▶ 27쪽

01. $\frac{4}{3}$, $\frac{7}{2}$, $4\frac{2}{3}$

02. $\frac{2}{5}$, $\frac{12}{25}$, $\frac{24}{125}$ 03. $\frac{23}{8}$, $\frac{3}{2}$, $4\frac{5}{16}$

04. $\frac{42}{19}$, $\frac{15}{7}$, $4\frac{14}{19}$ 05. $\frac{13}{14}$, $\frac{10}{13}$, $\frac{5}{7}$

06. $\frac{8}{11}$, $\frac{5}{9}$, $\frac{40}{99}$ 07. $\frac{35}{8}$, $\frac{16}{7}$, 10

08. $\frac{23}{6}$, $\frac{21}{8}$, $10\frac{1}{16}$ 09. $\frac{13}{15}$, $\frac{11}{26}$, $\frac{11}{30}$

10. $\frac{11}{4}$, $\frac{9}{2}$, $12\frac{3}{8}$ 11. $\frac{25}{26}$, $\frac{8}{25}$, $\frac{4}{13}$

12. $\frac{9}{14}$, $\frac{12}{31}$, $\frac{54}{217}$ 13. $\frac{21}{16}$, $\frac{14}{3}$, $6\frac{1}{8}$

05B ▶ 28쪽

01. $\frac{8}{3}$, $\frac{9}{16}$, $1\frac{1}{2}$ 02. $\frac{19}{16}$, $\frac{12}{29}$, $\frac{57}{116}$

03. $\frac{35}{9}$, $\frac{6}{7}$, $3\frac{1}{3}$ 04. $\frac{39}{10}$, $\frac{5}{12}$, $1\frac{5}{8}$

05. $\frac{38}{17}$, $\frac{7}{19}$, $\frac{14}{17}$ 06. $\frac{20}{13}$, $\frac{7}{30}$, $\frac{14}{39}$

07. $\frac{6}{5}$, $\frac{9}{22}$, $\frac{27}{55}$ 08. $\frac{35}{16}$, $\frac{8}{29}$, $\frac{35}{58}$

▶ 29쪽

01. $1\frac{2}{9}$ 02. $\frac{35}{81}$ 03. $3\frac{13}{16}$

04. $2\frac{17}{44}$ 05. $\frac{25}{93}$ 06. $2\frac{14}{29}$

07. $1\frac{49}{95}$ 08. $\frac{27}{55}$ 09. $1\frac{1}{13}$

10. $2\frac{1}{55}$ 11. $2\frac{2}{39}$ 12. $\frac{25}{57}$

13. $\frac{56}{75}$ 14. $\frac{9}{10}$ 15. $1\frac{183}{224}$

16. $\frac{16}{39}$ 17. $2\frac{18}{91}$ 18. $\frac{63}{104}$

19. $\frac{24}{35}$ 20. $\frac{63}{100}$ 21. $2\frac{2}{11}$

06A ▶ 30쪽

01. $\frac{3}{4}$, $\frac{6}{5}$, $\frac{2}{1}$, $1\frac{4}{5}$

02. $\frac{3}{8}$, $\frac{7}{1}$, $\frac{5}{2}$, $6\frac{9}{16}$

03. $\frac{7}{11}$, $\frac{9}{8}$, $\frac{4}{3}$, $\frac{21}{22}$

04. $\frac{4}{5}$, $\frac{9}{7}$, $\frac{15}{2}$, $7\frac{5}{7}$

05. $\frac{5}{16}$, $\frac{8}{7}$, $\frac{7}{4}$, $\frac{5}{8}$

06. $\frac{3}{14}$, $\frac{10}{9}$, $\frac{7}{6}$, $\frac{5}{18}$

▶ 31쪽

01. $1\frac{47}{81}$ 02. $\frac{20}{27}$

03. $1\frac{1}{32}$ 04. $2\frac{4}{7}$

05. $11\frac{1}{5}$ 06. $\frac{36}{55}$

07. $1\frac{31}{64}$ 08. $3\frac{2}{11}$

09. $\frac{21}{65}$ 10. $2\frac{13}{16}$

11. $12\frac{4}{9}$ 12. $\frac{52}{81}$

13. $\frac{20}{27}$ 14. $18\frac{6}{7}$

06B ▶ 32쪽

01. $\frac{9}{5}$, $\frac{7}{27}$, $\frac{9}{16}$, $\frac{21}{80}$

02. $\frac{17}{5}$, $\frac{9}{20}$, $\frac{8}{9}$, $1\frac{9}{25}$

03. $\frac{21}{8}$, $\frac{11}{24}$, $\frac{7}{22}$, $\frac{49}{128}$

04. $\frac{39}{10}$, $\frac{6}{11}$, $\frac{5}{13}$, $\frac{9}{11}$

05. $\frac{27}{8}$, $\frac{7}{12}$, $\frac{9}{35}$, $\frac{81}{160}$

▶ 33쪽

01. $\frac{93}{220}$ 02. $\frac{11}{64}$

03. $1\frac{1}{4}$ 04. $\frac{5}{26}$

05. $1\frac{37}{143}$ 06. $\frac{14}{57}$

07. $\frac{32}{37}$ 08. $1\frac{1}{10}$

09. $\frac{141}{520}$ 10. $1\frac{15}{17}$

11. $\frac{80}{343}$ 12. $3\frac{3}{17}$

13. $\frac{10}{231}$ 14. $\frac{121}{288}$

07A ▶ 34쪽

01. $\frac{6}{35}$ 02. $\frac{9}{20}$ 03. $\frac{4}{5}$

04. $\frac{8}{43}$ 05. $1\frac{6}{7}$ 06. $7\frac{3}{5}$

07. $\frac{11}{70}$ 08. $1\frac{7}{15}$ 09. $2\frac{41}{44}$